本书为教育部人文社会科学研究青年基金项目"低碳时代发展清洁能源国际比较研究——兼论中国清洁能源国际合作战略"（项目批准号：10YJCGJW016）研究成果

低碳时代发展清洁能源国际比较研究

许勤华　等◎著

中国出版集团

世界图书出版公司

广州·上海·西安·北京

图书在版编目(CIP)数据

低碳时代发展清洁能源国际比较研究/许勤华等著. —广州：
世界图书出版广东有限公司,2013.5
ISBN 978-7-5100-6189-9

Ⅰ.①低… Ⅱ.①许… Ⅲ.①无污染能源—对比研究—世界 Ⅳ.①X382

中国版本图书馆 CIP 数据核字(2013)第 104364 号

低碳时代发展清洁能源国际比较研究

策划编辑　孔令钢
责任编辑　黄　琼
出版发行　世界图书出版广东有限公司
地　　址　广州市新港西路大江冲 25 号
http://www.gdst.com.cn
印　　刷　虎彩印艺股份有限公司
规　　格　710mm×1000mm　1/16
印　　张　15
字　　数　215 千
版　　次　2013 年 5 月第 1 版　2013 年 12 月第 2 次印刷
ISBN　978-7-5100-6189-9/F·0106
定　　价　45.00 元

编委会成员

内容概要

　　"清洁能源"是指在整个产品生命周期（开发、生产、使用以及后续处理各个环节）均是对环境友好的，且是可持续的、不会枯竭的能源资源。本书研究的"清洁能源"主要包括太阳能、风能、生物质能、潮汐能、地热能和氢能。"发展清洁能源"包含两个层面，既是指对清洁能源资源的开发、生产、利用，也是指对传统能源的清洁利用技术的发展和实践。随着全球化石能源日益减少、环境污染日益加剧以及气候变暖等问题的出现，大力发展清洁能源，推进清洁能源革命，加快清洁能源的广泛应用，已成为开拓新的经济增长点和保护全球环境的重大战略选择。

　　国际合作是确保全球清洁能源快速发展势头、解决地区差距的关键。发达国家在清洁能源和节能减排领域拥有先进的技术和充足的资金，而发展中国家则拥有广阔的发展前景和市场潜力，只有国际间进行密切的交流合作，充分发挥各国优势，才能共同推动清洁能源更加快速地发展。

　　产业的崛起需要前瞻性的、有效的产业政策的扶持，现阶段为了发展清洁能源产业，同样需要适当的产业政策以支持、实现产业的提升。清洁能源发展产业政策的范畴较广，既包括对产业的直接干预，也包括间接影响，具体来讲既包含经济、金融和财税手段，也包括对法律规章制度的制定、行政措施以及对民众的教育与引导。

　　本书主要由五大部分组成：第一章导论部分主要为理论研究和研究背

景介绍。第二章为全球清洁能源发展的现状、特点和趋势介绍。第三章和第四章为重大议题一"主要国家发展清洁能源政策比较"和重大议题二"发展清洁能源融资制度分析",着重分析世界主要地区/国家清洁能源战略与政策,特别是其发展清洁能源的政策类别、政策重点、政策绩效、融资实践和融资制度变迁方向。第五章个案研究主要是对世界主要地区/国家清洁能源发展法规、有效措施、发展实绩的研究,以欧盟主要国家及美国、日本为例。第六章政策研究分为两个部分,首先通过对中国清洁能源发展现状的研究,提出了课题组对中国发展清洁能源战略自身的思考和想法;其次在前面五章研究成果的基础上,结合中国国际能源合作发展和中国清洁能源国际合作现状,分析中国与世界主要地区/国家清洁能源国际合作的战略重点,并提出相关政策的具体建议。

前　言

随着气候变化对人类生存与发展的挑战日益突出,世界各国清洁发展的压力不断增大。清洁发展的关键是低碳发展,因而一场蓬勃兴起的低碳革命成为影响国际能源形势的重大因素。低碳经济在金融危机中逆势兴起的直接动因,虽然主要是基于缓解温室气体排放所造成的气候变化压力,对于不少国家来说也是基于应对金融危机、刺激经济、拉动内需、扩大就业的现实需要。

尽管化石能源仍然存在巨大的发现潜力与发展空间,但是开发难度越来越大,开发成本越来越高。廉价油气的时代已经终结,高价油气的时代已经到来。化石能源的粗放利用给人类生存环境造成了灾难性破坏,国际社会必须切实加大对清洁能源开发利用的努力,实现能源消费结构的革命性变革,要在清洁能源的开发上加大投入、加强合作,争取早日实现清洁能源的规模性开发利用,从根本上解决人类的能源永续安全问题。

2011年日本福岛核事件以后,世界能源界普遍认为,在今后相当长的一段时间内,世界能源发展将依然以化石为主。但是十几、几十年后,如果世界主要国家清洁能源的发展规划得以实现,目前以油气为主的世界能源消费结构将会发生极大的变化。因此,低碳发展将是世界能源发展的必由之路。快速发展的清洁能源,化石能源的高效、清洁利用,是构筑清洁能源产业体系的根本,清洁能源发展的产业政策、清洁能源发展的投资以及清洁能源发展的国际合作则是全球发展清洁能源的核心。

　　本书写作的目的就是在比较分析全球主要国家发展清洁能源现状与特点的基础上,探寻一种适中的发展清洁能源的产业政策、融资制度、国际合作模式,以便为中国发展清洁能源提供一定的经验借鉴。

　　全书共分六章,第一章由许勤华、张璋供稿,第二章由张璋、许勤华供稿,第三章由张璋供稿,第四章由饶瑶供稿,第五章由许勤华供稿,第六章由许勤华、饶瑶供稿;全书由许勤华统筹并统稿。

目 录

图表索引

第一章 导 论

　　清洁能源是指在使用中对环境无污染或污染小的能源,即大气污染物和温室气体零排放或排放很少的能源。随着全球化石能源日益减少、环境污染日益加剧以及气候变暖等问题的出现,大力发展清洁能源、推进清洁能源革命、加快清洁能源的广泛应用,已成为开拓新的经济增长点和保护全球环境的重大战略选择。2003 年英国发表能源白皮书《我们能源的未来:创建低碳经济》,提出要用低碳基能源、低二氧化碳的低碳经济发展模式,替代当前的化石能源发展模式。2008 年金融危机以来,世界各国政府都给予了清洁能源产业以高度重视,从美国奥巴马政府推行"绿色新政",到德国的"绿色复兴:增长、就业和可持续发展新政策";从巴西大力发展绿色能源,到韩国"低碳绿色增长"的经济振兴战略,都可以看出清洁能源产业在当前世界经济中举足轻重的地位。随着石油对外依存度的快速上升,清洁能源将是未来中国能源安全保障、可持续发展的唯一出路。

一、研究背景

　　根据国际能源机构(IEA)《2012 世界能源展望》预测,2020 年中国对于煤炭的需求将达到顶峰,并将维持到 2035 年。[①] 据有关部门统计,中国烟尘

[①] 《2020 年中国煤炭需求将达顶峰》,见和讯网,http://futures.hexun.com/2012-11-27/148391939.html,2013-03-08。

排放量的70％、二氧化硫排放量的90％、氮氧化物排放量的67％、二氧化碳排放量的70％都源自于燃煤的燃烧。如何既维持如此巨大的能源资源量，保持中国经济社会的发展，又要降低能源消耗带来的对环境的破坏，不仅是中国，也是全世界将要面对的巨大难题。胡锦涛总书记说："纵观人类社会发展的历史，人类文明的每一次重大进步都伴随着能源的改进和更替。"清洁能源将是21世纪的主导能源，谁在清洁能源的发展上占据制高点谁就有希望在未来世界经济技术新一轮调整中占据主导和主动地位。特别是应对气候变化的严峻挑战更是将清洁能源的发展推向了一个更为紧迫的高度。

能源作为各国重要的战略产业，其重要性并不仅仅局限于政治、经济、军事等国家建设的关键领域，更体现在其对塑造社会形态所能产生的巨大影响上。从第一科技革命到第三次科技革命，传统能源煤、石油的发现与大规模利用以及一次能源电力都成为技术发展的强大动力。换句话说，全球几次科技革命发生历程，也是能源工业发展的流程图：人类从火的发现和利用，到生物质能源（biomass）的利用和畜力、风力、火力等自然动力的利用，到化石燃料的开发和热的利用，再到电的开发和大规模利用，直至原子核能的发现开发利用。能源已经成为了一种战略性资源－－成为经济国家和文明民族兴衰的一个因素。在全球变暖的时代背景下，清洁能源得到了越来越多的重视，其并不仅仅指新的能源形式，从一个更为宏观的角度来看，它可以理解为建立在清洁能源基础之上的新社会组织形态、政治经济体系等制度，将涉及社会运转中的方方面面。①

如上所述，最近几年世界主要国家对发展清洁能源重视度越来越高，投入越来越大，清洁能源的发展势头越来越猛，对中国这样一个第一大能源生产与消费大国构成的压力越来越大，如何在调整中的国际能源体系中夺得先机、占据有利位置十分重要。清洁能源发展关系到中国的可持续发展和崛起前景，但是中国清洁能源发展起步较晚，技术基础相对薄弱，需要充分利用国外技术，借鉴国外经验，尽可能获取国外发展资金，这就需要开展广

---

① 何莽、夏洪胜：《清洁能源产业中风险投资现状及发展对策研究》，载《特区经济》2009年1月。

泛的国际合作。为了更好地开展国际合作,有必要对世界各主要国家的能源发展状况进行比较研究,从中找出规律性的发展模式,为中国制定清洁能源发展战略确定路径。同时,在比较研究的基础上,找到中国清洁能源国际合作的优先领域。本课题首先将对厘清中国清洁能源国际合作战略的实践范畴和理论范畴、战略重点和战略布局、指导思想和基本原则具有一定理论贡献,其次对于国与国之间的具体合作也具有一定的实践意义。

发展清洁能源是中国建立资源节约型社会、实现可持续发展的唯一选择,也是中国对全球经济社会实现可持续发展的巨大贡献,而发展清洁能源战略及政策的确立是发展清洁能源的前提和基础。一些国家特别是发达国家发展清洁能源历史比中国要长,汲取其战略、政策及政策执行各个方面的经验和教训为我所用,能使我们无论在技术还是商业运作领域都占有有利地位,这就需要进行深入的比较研究。

二、已有成果

西方发达国家学术界对清洁能源问题的研究起步较早,研究的内容、重点及研究主体随着世界能源形势的发展不断变化着。与其他研究不同的是,清洁能源研究的主体不是个人,而是政府、机构、国际组织(政府间及非政府间)还有能源企业,这是因为发展清洁能源的研究投入巨大、周期长、见效较慢。研究清洁能源发展的国际组织主要有:世界能源委员会(World Energy Council,WEC),其较早涉及该研究领域的成果为《国际能源可持续性发展理论》(*The Global Energy Sector:Concepts for a Sustainable Future*,WEC 1998),对风能、太阳能、核能、低热能等不同行业的发展、技术运用、政策推动及风险预测进行了讨论;国际能源机构研究的角度一般专注于经济合作与发展组织(OECD,以下简称"经合组织")34 个国家的能源效率情况,如其报告《美国能效政策 2008》(*Energy Efficiency Policy in US 2008*)把美国政府的能效政策及执行进行了分析;除此以外,还有亚太能源研究中心(APERC)等国际能源组织则更多地从清洁能源的某个行业如发电领域进行深入研究,其 2004 年的报告《亚太经济合作组织区域内新及可再生能源》(*New and Renewable Energy in the APEC Region*)和 2005 年的《亚太经济合作组织区域内的可再生电力》(*Renewable Electricity in the APEC Region*)在对亚太地区 2004 年以前清洁能源和清洁能源发展情况进行研究的基础上突出该地区清洁能源发电的发展状况。能源研究机构如美国能源部劳伦斯伯克利国家实验室(LBNL)等多以能源经济学的方法对不同国家之间清洁能源的成效进行比较。随着能源生产和能源消费结构的调整和改变,各国政府相继出台了相关的研究报告及政策规范。

国内有关清洁能源发展的文献主要可分为以下几类:①技术类,属专业技术研究,如《锅炉能效中的清洁能源利用》等;②探讨中国能源安全及能源发展战略的著作,如《谁能驱动中国:世界能源危机和中国方略》(人民出版社 2006 年版)、《机不可失:中国能源可持续发展》(中国发展出版社 2007 年版)、《能源改变命运》(新华出版社 2008 年版)等,它们都是在中国经济高速增长遭遇前所未有的能源需求重压以及切实感受到由于能源消费带来的环境保护紧迫感后出版的,给人们以重新思考中国能源安全及战略定位的启迪;③对中国能源发展历史进行梳理的研究成果,如《中国能源五十年》(中国电力出版社 2002 年版)里用专门的一章对清洁能源在中国发展的目的和意义、分类和特性、开发利用的历史现状及前景和政府政策等进行了总结与回顾;④行业协会的报告,如中国资源利用协会清洁能源专业委员会每年推出的清洁能源各个行业的年度报告,其《风电行业与资本市场的研究》对国内风电行业进行了评价以及重点企业的分析;⑤一些专业能源期刊上的文章,如《完全突破政策瓶颈发展清洁能源》(载《能源思考》2008 年 2 月刊),又如《国内外清洁能源政策综述与进一步促进我国清洁能源发展的建议》(载《清洁能源》2006 第 1 期),既有从宏观上探讨如何发展清洁能源的,也有介绍国外先进经验的,但后者的文献相对来说很少;⑥对中国业已实施的清洁能源各项实践的绩效考核,如清洁能源行动办公室组织编著的《清洁能源促进政策应用与分析》(中国环境科学出版社 2005 年版),该书将清洁能源发展的促进政策进行了分类,通过对中国清洁能源行动试点城市政策的研究总结,综合评价和分析了各试点城市的促进政策;⑦政府部门的相关立法、规划以及能源管理部门战略规划司做的对国别的发展政策的研究,如《清洁能源中长期发展规划》(国家改革发展委员会 2007 年 8 月)给清洁能源的中长期发展确立了指导思想、发展目标、重点发展领域等,又如原国家能源领导小组办公室主持的对各国清洁能源战略的编译(内部材料)。

中国与国外进行的清洁能源合作已经有了实质性的进展,无论是发达国家在中国的大学投资设立研发基地(如清华大学),还是与中国企业合作(如日本出光与中国神化集团的合作)等都较有成果,但是形成书面的研究报告还是比较少。主要相关的文献有:《中国可持续能源:实施"十一五"20%节能目标的途径与措施研究》(科学出版社 2008 年版)、《中国能源发展战略与政策研究》(经济科学出版社 2004 年版)都是美国能源基金会、大卫与露茜·派克德基金会、威廉与佛罗拉·休利特基金会共同资助中国国务院发展研究中心产业经济研究部的研究成果,这些报告以定量和定性的方法分析了中国能源发展面临的挑战、机遇及对策,给读者以各种能源发展的情景参考。

尽管目前国内对外清洁能源的研究已有诸多成果,但大都缺乏从整体上对当今世界主要地区特别是重点国家发展清洁能源战略及政策的综合比较,更无从谈及从比较中获得对中国发展清洁能源的启示。此外,国内学界对有关国际能源合作的理论研究,才刚刚起步。而传统能源的国际合作与清洁能源国际合作,合作内容由于品种不同,因而具有较大的差异性。[①] 可以说,到目前为止发展清洁能源的研究严重缺乏国际问题研究的战略视角。

三、概念界定

能源始终是人类社会发展不可缺少的物质资源。随着社会的发展,人类对能源的需求不断增长,一方面人类能源的使用量呈几何指数增长,另一方面人类对能源开发使用的种类也在迅速增多。世界能源委员会推荐的能源类型分为:"固体燃料、液体燃料、气体燃料、水能、电能、太阳能、生物质

---

① 如传统能源石油、煤炭和天然气有存储性,而清洁能源如果不转化为二次能源如电力,很难被储存。

能、风能、核能、海洋能和地热能。"①由于划分角度的不同,能源也分为不同类型。

根据能源的自然形态及生产方式进行划分,能源可分为一次能源、二次能源。一次能源是直接来自自然的、天然产生的能源,没有经过加工或转化,如石油、煤炭、天然气、水能、风能、地热能、海洋能、风能等;二次能源则是指由一次能源直接或间接转换成其他种类和形式的能量资源,如焦炭、电力、汽油、柴油、沼气、洁净煤等。

将一次能源进一步分类,按照是否能在较短时间内再生,可分为清洁能源与非清洁能源。水能、风能、海洋能、太阳能、生物质能均为清洁能源;石油、天然气、煤炭为非清洁能源。

根据能源在使用过程中是否对环境造成污染,可分为污染能源和清洁能源,污染能源包括石油、煤炭等化石燃料,清洁能源包括水力、电力、太阳能、风能以及核能等。②

根据能源开发利用的发展程度,又可将能源分为常规能源和新型能源。常规能源是应用比较普遍、开发利用技术较为成熟的能源。常规能源包括水力能源、石油、煤炭、天然气等资源,既包括一次能源,也包括非清洁能源。在近期开发利用、尚未投入大规模使用的能源称为新型能源,包括风能、太阳能、地热能、生物能、海洋能、氢能以及致密油和页岩气等能源。

通过本书课题组成员的调研,我们认为目前对能源品种的分类存在一定的问题:①一些能源分类的界定不清晰,造成难以归类的现象,因为按照已有定义并不能明确其界定;②上述的能源分类都是从单一角度进行分类,缺少一个整体性、全面性的能源分类标准。

---

① 《能源基础知识》,见国家发展和改革委员会能源研究所清洁能源发展中心网站,http://www.cred.org.cn/cn/know_show.asp? Id=633,2012-03-03。

② 目前世界上把清洁能源分为两类:A.纯粹的清洁能源,即消耗后可得到恢复补充,不产生或极少产生污染物,如太阳能、风能、生物能、水能、地热能、氢能等;B.争论中的清洁能源,如核能,核能消耗的铀燃料,不是清洁能源,投资较高,而且几乎所有的国家,包括技术和管理最先进的国家,都不能保证核电站的绝对安全。本书课题组认为,如果两类都包含的清洁能源是广义上的A类清洁能源,单指一类的清洁能源则是狭义上的清洁能源。本课题研究对象为狭义上的A类清洁能源。

　　一个综合性的能源分类在一定程度上代表着能源利用开发的理念和愿景,特别是该能源品种的开发、生产以及使用的前景。因此,必须对本课题的研究对象有一个十分清晰的概念界定。通过认真思索及分析,我们认为:①"清洁能源"是指在整个产品生命周期(开发、生产、使用以及后续处理各个环节)均是对环境友好的,且是可持续的、不会枯竭的能源资源。① 因此,本书研究的"清洁能源"主要包括太阳能、风能、生物质能、潮汐能、地热能和氢能。②"发展清洁能源"包含两个层面,既是指对清洁能源资源的开发、生产、利用,也是指对传统能源资源的清洁利用技术的发展和实践。

　　本书研究的重点是"全球主要国家清洁能源发展现状及趋势比较研究"、"主要国家发展清洁能源的核心战略及基本政策比较研究"、"中国发展清洁能源的战略框架"以及"中国与世界主要地区/国家清洁能源国际合作的战略重点及相关政策建议"。

---

　　① 学术界对清洁能源的定义为:清洁能源是对能源清洁、高效、系统化应用的技术体系。含义包括三点:A.清洁能源不是对能源的简单分类,而是指能源利用的技术体系;B.清洁能源不但强调清洁性同时也强调经济性;C.清洁能源的清洁性指的是符合一定的排放标准。

第二章　全球清洁能源发展现状及趋势

尽管化石能源仍然存在巨大的发现潜力与发展空间,但是开发难度越来越大,开发成本越来越高。廉价油气的时代已经终结,高价油气的时代已经到来。化石能源的粗放利用给人类生存环境造成了灾难性破坏,国际社会必须切实加大对清洁能源开发利用的努力,实现能源消费结构的革命性变革,要在清洁能源的开发上加大投入、加强合作,争取早日实现清洁能源的规模性开发利用,从根本上解决人类的能源永续安全问题。

一、清洁能源发展现状

清洁能源在近 10 年来表现出了高速的增长势头,生产规模不断扩张,生产能力迅速增长,生产成本不断下降。过去 10 年的实践表明,清洁能源技术的发展使人们看到了重要的商机,其产业增长率几乎类似于电话、计算机、互联网等技术革命初期所具有的增长势头。据清洁边缘公司(Clean Edge,Inc)[1]的研究,太阳能光伏的全球市场规模已经从 2000 年的 25 亿美元扩张到 2010 年的 712 亿美元,其年均环比增长率达到 39.8%。全球风能市场规模从 2000 年的 45 亿美元扩张到 2011 年的 675 亿美元,年均增长率达到 16.7%。同时,与清洁能源技术相关的其他产业领域也展现了巨大的

----

[1]　清洁边缘公司,美国清洁能源技术咨询公司,成立于 2000 年,是世界上第一家致力于清洁能源研究和咨询的公司,详见 http://www.cleanedge.com/about。

增长潜力,如混合动力汽车、绿色建筑、智能电网等均有相似的增长速度。目前,清洁能源消费量已占全球能源消费总量的 16.7%,且份额仍保持稳步上升。

风能产业是发展时间较长的清洁能源产业之一,近 2 年由于受天然气价格降低的影响,风能产业公司的销售预期也做了一定的下降调整。虽然在较为不利的情况下,风能产业制造能力依然在显著增长。2010 年美国新投入设立了 14 家涡轮制造厂,现估计总共约 95 家制造商在生产 100kW(千瓦)或更小的风能涡轮,2001 年此类制造商的数量仅为 60 家。据美国《2011 年风能技术市场报告》显示,2011 年美国风能发电装机容量新增约 6 800 MW(兆瓦),全国累计风能发电装机容量较 2010 年增加了 16%,比 2000 年增加了超过 18 倍。2011 年美国仍是世界上规模最大、增长最快的风能市场之一,风能发电占当年美国新增电力的 32%,风能领域新增投资 140 亿美元。与此同时,美国制造的风能设备也显著增长,2011 年美国风电场新装设备近七成为美国国内生产,是 2005 年的 2 倍。

表 2-1 2000—2011 年清洁能源技术应用[①]

年份 技术领域	2000 年	2010 年	2011 年
全球太阳能光伏和风能市场	65 亿美元	1 316 亿美元	136 亿美元
太阳能光伏系统的平均装机成本	6 美元/Wp	4.82 美元/Wp	3.8—4 美元/Wp
全球混合电动汽车的车型数量	2 种	30 种	
全球 LEED 认证的绿色商务建筑数量	3 幢	8 138 幢	11 982 幢
美国风险投资在清洁能源技术领域的投资比例	小于 1%	大于 23%	

欧洲大量投资沿海风力设施建设,由桑顿银行投资在比利时兴建的迄今为止最大的 6MW 风能项目是欧洲 2010 年新增的 9 个沿海风力农场之一。得益于新的上网电价优惠政策,东欧的项目开发更加迅猛,例如 2010 年乌克兰至少有 10 个风能项目在同时进行。小型风能发电也持续扩张趋

---

① 数据来源:《清洁边缘 2011 全球清洁能源报告》,Clean Edge,Inc.

势。据北欧民间中心（Nordic Folkcenter）统计，现有 29 个国家的 106 家企业在生产 50kW 或更小的风能涡轮。在英国，小型风能发电的装机量在 2010 年增长了 65％，有超过 20 家国内制造商和一批外国制造商活跃在市场中。在中国有约 80 家制造商在本国国内销售涡轮设备，并且出口到了蒙古。从全球整体发展水平看，2010 年平均风能涡轮大小已达到 1.6MW，2007 年为 1.4MW。[①]

生物质能产业的发展不仅体现在应用的数量上，更重要的是生物质能的应用水平已经得到了质的提高。在早期，生物质能多是开发应用于发展中国家分散的家庭或边远农村地区，现在已经开始进入大规模的商业生产阶段，例如部分国家已经开始主动种植生物质能原料植物。也就是说，生物质能产业从以前重点处理废弃物的应用问题转变为主动的能源生产。德国生物质能公司在巨大的国内需求以及沼气上网价格的优惠政策刺激下已经进入了规模生产和项目开发阶段。截止到 2010 年，德国有约 6 800 个沼气生产装置投入使用。[②]

全球太阳能光伏电池和组件的产量在 2010 年实现了 2 倍的增长速度，约达 239 亿瓦电池和 200 亿瓦组件。光伏生产成本也在持续下降，组件价格下降了 14％，而成本下降主要是因为多晶硅等晶体原料的充足供应。虽然光伏薄膜的市场份额下降了 13％，但是光伏薄膜产量在 2010 年达到了 32 亿瓦，增长了 63％。[③] 同时，光伏薄膜的生产商也实现了多元化。2011 年全球新增太阳能光伏发电装机 28.3GW。

太阳热能产业在近年有突出的表现。虽然太阳热能产业的市场仍旧集中在西班牙和美国，但是市场注意力已经开始转移至阿尔及利亚、澳大利亚、埃及、摩洛哥以及中国等新兴和成长型市场，市场规模的扩大必将实现产业的规模增长。

---

① *The Transition from Fossil Fuels to the Renewable Energies*，见北欧民间中心网站，http://www.folkecenter.net/gb/，2012-02-03。
② 数据来源：《清洁边缘 2011 全球清洁能源报告》，Clean Edge，Inc。
③ 《欧洲市场重启 光伏产业将"王者归来"》，见《每日经济新闻》，http://guba.east-money.com/look，600537，2012929053.html，2012-03-23。

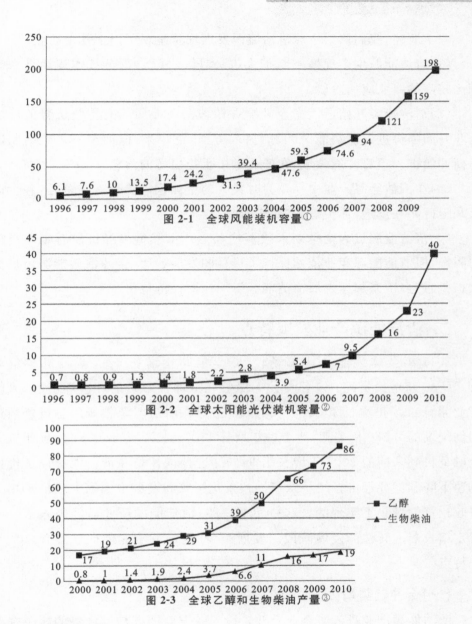

图 2-1 全球风能装机容量①

图 2-2 全球太阳能光伏装机容量②

图 2-3 全球乙醇和生物柴油产量③

① 数据来源：全球风能理事会（Global Wind Energy Council，GWEC）、世界风能协会（World Wind Energy Association，WWEA）、欧洲风能协会（European Wind Energy Association，EWEA）、美国风能协会（American Wind Energy Association，AWEA）、清洁能源与清洁能源部（Ministry of New and Renewable Energy，MNRE）。

② 数据来源：欧洲光电产业联合会（European Photovoltaic Industry Association）。

③ 数据来源：德国糖和乙醇咨询机构 F.O. Licht。

综上所述,我们认为全球清洁能源发展现状呈现了以下几个特点:

(1)清洁能源生产规模不断扩大,成本随之降低,部分技术逐渐进入性价比较高的商业应用阶段。

(2)清洁能源开始进入了企业合并阶段。一方面拥有传统优势的能源企业开始强势进入清洁能源领域;另一方面,近年来,以前单一角色的制造厂商开始进入项目开发领域,在产业链中承担更多的角色。

(3)在清洁能源产业中存在为时甚久的全球化趋势仍然在蔓延,各个国家和地区相互渗透,你中有我,我中有你。

(4)清洁能源成为全球新兴投资增长点。虽然世界经济没有走出危机的阴影,但清洁能源产业依然保持了迅猛的发展趋势,全球清洁能源市场持续扩张,许多国家加速发展清洁能源以期应对经济危机。

二、清洁能源产业发展特点

2011 年全球风能产业市场较 2010 年同比增长 6%,新装机容量为 40.5GW,新增投资约 680 亿美元。尽管在全球性萧条的经济环境下,风能产业累计市场仍增长了 20%。2011 年全球在清洁能源领域的总投资额达到创纪录的 2 570 亿美元,比上一年增长 17%,是 2004 年的 6 倍,也比世界金融危机到来前的 2007 年增长了 94%。这种增长是在清洁能源设备价格迅速下降和世界经济持续不景气导致发达国家和发展中国家大幅削减相关财政预算的背景下实现的。这一切都说明,清洁能源产业已经进入了一个稳定增长非逆转性的发展阶段。发展至今,全球清洁能源产业具有以下几个特点。

(一)合并趋势增强

清洁能源产业进入了企业合并阶段。一方面拥有传统优势的能源企业开始强势进入清洁能源领域;另一方面,近年来,以前承担单一角色的制造厂商开始进入项目开发领域,在产业链中承担更多的角色。2008 年太阳能光伏产业中的产业链垂直整合现象开始出现。在日本,太阳能光伏产业的制造商开始涉及产品销售、安装和售后服务。

表 2-2　清洁能源典型技术特征及成本①

		技术		典型特征	成本[美分/(kW·h)]
发电	类型一：闪蒸系统、双循环系统、天然蒸汽	内陆风电	涡轮规模	1.5—3.5MW；转子直径 60—100 米	5—9
		沿海风电	涡轮规模	1.5—5MW；转子直径 70—125 米	10—20
		生物发电	设备规模	1—20MW	5—12
	类型二：太阳能槽式发电、太阳能塔式热发电、太阳能碟式热发电	地热发电	设备规模	1—100MW	
		太阳能光伏模块	效率	晶片 12%—19%；薄膜 4%—13%	—
		浓缩光伏太阳能	效率	25%	—
		屋顶太阳能光伏	高峰容量	2—5kW	17—34
		公用事业太阳能光伏	高峰容量	200kW—100MW	15—30
		聚焦型太阳能热发电	设备规模	50—500MW（槽式），10—20MW（塔式）	
加热/制冷	类型一：电子管、平板	生物质能供热	设备规模	1—20MW	1—6
		太阳热水/供热	规模	2—5 平方米（家庭）20—200 平方米（中型/多家庭）0.5—2MW（大型/地区加热）	2—20（家庭）1—15（中型）1—8（大型）
	类型二：热泵、冷却、直接利用、冷却器	地热供热	装机容量	1—10MW	

① 数据来源：REF21,2011 年报告。

续表 2-2

		技术	典型特征	成本[美分/(kW·h)]
生物燃料	乙醇	原料	甘蔗、甜菜、玉米、木薯、小麦	30—50 分/升(糖)60—80 分/升(玉米)(相当于汽油)
	生物柴油	原料	大豆、油菜籽、棕榈、麻风树、废食用油、动物脂肪	40—80 分/升(相当于柴油)
农村地区能源应用	沼气池	沼气池大小	6—8 立方米	n/a
	生物质气化炉	规模	20—5 000kW	8—12
	小型风力涡轮	涡轮大小	3—100kW	15—25
	家庭型风力涡轮	涡轮大小	0.1—3kW	15—35
	村庄规模小型电网	系统规模	10—1 000kW	25—100
	家庭太阳能系统	系统规模	20—100W	40—60

一些传统能源企业也开始在清洁能源产业扩张其业务范围。沙特阿拉伯的卡凯尔(KA-CARE)能源公司于 2010 年开始建设 10MW 的脱盐发电设备,沙特阿美石油公司(Saudi Aramco)与太阳能前沿公司(Solar Frontier)联合发展 1—2MW 的电力设施。传统优势公司的进入也表明清洁能源产业发展度过起步阶段,开始激烈竞争。

(二)全球化脚步加快

在清洁能源产业中存在为时甚久的全球化趋势仍然在蔓延。全球风能涡轮制造商均在瞄准中国市场,而中国的太阳能光伏发电产品在欧洲市场实现了越来越高的销售份额。同时,针对清洁能源产业的政策也出现了负面和不确定的影响,如美国的生物柴油、西班牙的太阳能光伏装置。

在风能产业中,增长机会集中在中国以及其他新兴市场。美国通用风能公司(GE Wind)为巴西提供涡轮装置;西班牙歌美飒公司(Gamesa)2012

年在中国市场增加了 3 倍的投资。① 中国深圳市瑞能实业有限公司和印度苏司兰(Suzlon)公司均与土耳其和保加利亚分别签署了合作协议。在英国,大约有 55％的小型风能设备出口到国外。②

在太阳能光伏产业中,制造商也在不断进入新的地区、寻找新的合作伙伴。德国太阳世界公司(Solar World)宣布与卡塔尔政府合作投资 5 亿,在 2012 年开始生产多晶硅设施。韩国汉华公司(Hanwha)获得了中国江苏林洋清洁能源 49％的股份。中国尚德公司 100％控股日本 MSK 公司,成为中国第一家在美国建立生产基地的公司。③④

(三)成为新兴经济增长点

虽然世界经济没有走出危机的阴影,但清洁能源产业依然保持了迅猛的发展趋势,全球清洁能源市场持续扩张,许多国家加速发展清洁能源以期应对经济危机。2011 年全球清洁能源新增投资总额达到 2 600 亿美元,增长 5％,比 7 年前 2004 年所实现的 536 亿美元相比增长了近 4 倍。⑤ 其中,太阳能领域的投资成为最主要的驱动力量,远远超过了风能。据彭博清洁能源财经数据的观察,2004—2011 年全球累计清洁能源投资已经超过了 1 万亿美元。

国际金融危机爆发之后,为了尽快地走出经济衰退,美国、日本、欧盟等发达国家和经济体出台了一系列政策,加快发展清洁能源产业,将清洁能源

---

① 《风电设备制造企业的发展状况》,见中国机电出口指南网,http://mep128. mofcom. gov. cn/mep/yjfx/287290. asp,2012-04-08。

② 《国内外主要风电设备制造商》,见百度文库网,http://wenku. baidu. com/view/ 37f27e6ca45177232f60a2db. html,2012-03-28。

③ 《中国尚德公司 100％控股日本 MSK 公司》,见 360doc 网,http://www. 360doc. com/ content/06/0803/13/8903_172204. shtml,2012-03-28。

④ 2013 年 3 月 20 日,中国无锡市中级人民法院依据《破产法》裁定,对无锡尚德太阳能电力有限公司实施破产重整。尚德由兴到衰虽然很大程度是受到外部环境的牵累,如受产能过剩和欧洲对中国太阳能面板采取反倾销措施的负面影响,实际是对中国如何可持续地发展清洁能源提出了一个战略规划的现实要求。尚德的破产不说明清洁能源发展走到了死胡同,而是该产业在中国突破原有增长、企业融资和对外合作等模式的契机。随着中国绿色能源需求的上升以及部分企业产能被淘汰,全球光伏产品供应过剩的局面将有所改善。

⑤ 《彭博清洁能源财经 2011 年报告》,见人民网,http://energy. people. com. cn/GB/ 16898990. html,2012-03-28。

产业作为新兴增长点。2009 年 2 月美国通过了《经济复苏法案》,宣布美国政府拟投资超过 230 亿美元[①]支持清洁替代能源的研发与推广;同样在 2009 年,日本颁布了《新国家能源战略》,计划在 2020 年前,将太阳能发电规模在 2005 年的基础上扩大 20 倍;2009 年欧盟委员会制定了一项名为"环保型经济"的中期规划,其规划时间为 5 年(2009—2013 年)。这项中期规划的主要内容包括,欧盟计划筹措金额达 1 050 亿欧元的款项,[②]用于打造领先于国际水平、具备极强的全球竞争力的"绿色产业",将"绿色产业"扶持为欧盟刺激经济复苏的重要支撑点。

三、清洁能源产业发展趋势

清洁能源产业发展趋势主要体现在三个方面:①规模化;②高科技化;③高风险化。这三点意义是内在互相联系的。

(一)规模化

根据产业经济学的定义,产业规模化是指扩大生产规模引起经济效益增加的现象。产业规模化形成规模经济,表现的是生产要素的集中程度同经济效益之间的关系。

清洁能源产业规模化一方面是指扩大清洁能源产业技术的生产规模,降低生产成本;另一方面是指综合发展多种清洁能源产业技术,以实现清洁能源产业的多样性。清洁能源产业发展的规模化特点至关重要,只有实现了清洁能源产业的规模化发展,才能够提高能源可获得性、能源可支付性,从而保障能源供给安全的重要途径。

1.清洁能源产业规模化是提高能源可获得性的保障

能源安全是指一国能够以可以承担的价格在任何时间得到充足、可靠的能源供应,并且避免对环境的影响。常规的能源安全观点单纯强调了可

---

① 《寻找环球经济复苏迹象》,见智库网,http://www.xcf.cn/sixiang/zkwzl/201203/t20120313_267105.htm,2012-03-29。

② 《欧盟:注重环保经济,打造绿色产业》,见环保中国网,http://www.epciu.com/Html/0904/14/DDAC8B4737B761F7.html,2012-03-29。

获得性和可支付性。可获得性是指始终能够保证最终消费的充足能源供应,既要求充足的清洁能源生产(例如,充足的风力、太阳能等),也要求有良好的基础设施将能源产品运送到最终用户那里。这就意味着需要建立一个完整的、无障碍的供应链——太阳能板、风车涡轮、水电站、精炼厂、运输管道、传统电站、气/热电网、输电网等。

没有任何一种能源资源是完全不中断的,因此保证能源可获得性的关键就是实现能源资源组合的多样化。战略性地将能源组合多样化不仅要实现能源资源的多样化,还要实现每一类能源资源供应渠道的多样化。构成能源组合的选择必须考虑到各种能源资源的相互关系及其运输渠道的相互关系,能源组合中的运输方式不存在直接的相关影响,才能通过多样化能源组合来增加能源安全,资源间才能实现互补,降低能源组合的整体风险。

2.清洁能源产业规模化才能实现清洁能源的优势

非清洁能源和清洁能源资源有着本质的区别,在存储、提炼需求、对气候影响的敏感程度、供应链的本地化等方面均有不同(见表 2-3)。

表 2-3　非清洁能源与清洁能源的本质区别①

非清洁能源	清洁能源
能够长期存储任意数量的能源资源	只有少数几类清洁能源在现阶段能够实现存储(大型水电站,生物质能);其他种类清洁能源完全不能被存储或只能少量存储
需要提炼	应用不需要提炼
资源有限,会枯竭	资源不会枯竭
对气候因素影响较不敏感	对天气和气候环境较为敏感
供应链中关键部分本地化,如港口、运输管道、提炼厂和传统发电站	有极大潜力分散化设置(屋顶,河流,中型风能园区和小型生物能源)
开采挖掘需要大型、专门基础设施	开发利用既有小型设施(太阳能板),也有大型设施(大型水电站)

① 资料来源:清洁能源应用政策报告,国际能源机构,由本书作者翻译整理绘制表格。

清洁能源面临较少的供应风险，规模性发展清洁能源能够提高能源的可获得性。与非清洁能源相比，清洁能源很难大量地、长期储存。例如，清洁能源所产生的电力如果没有及时入网就只能白白流失。因此，清洁能源的出口国家没有较高的经济动力去减少能源供应，清洁能源的进口方面临"政治武器"的风险就会较低。非清洁能源需要大型专业设施开采、提炼、加工，而清洁能源能够在自然过程中直接获取。非清洁能源的供应链中通常会出现瓶颈，例如运输管道或港口。一个关键设施的失灵或毁坏将会导致严重的能源供应短缺危机。例如，2010年，澳大利亚昆士兰州发生的洪水灾害冲击了该国的煤矿产区，导致了全球煤炭的供应紧张。同样的情况也曾出现在美国，2005年，由于美国丧失石油提炼能力，油价急速上升。(2011年，日本海啸造成的核电站危机不仅使电力供应大规模中断，还造成了严重的环境污染，直接危害人类健康)相比之下，清洁能源各项技术基本都能够因地制宜、分散安装，因此，某个地区发生的自然灾害或人为破坏事件对整体能源应用系统造成的影响将会很小。

3. 清洁能源产业规模化是提高清洁能源产品可支付性的前提

清洁能源产品在现阶段较为昂贵。但是随着清洁能源产业的发展，部分发展时间较长的清洁能源技术已经实现了成本的快速降低。太阳能光伏在某些地区已经达到了零售电价的竞争点。新西兰风能在没有特定支持机制的条件下实现了大规模应用。在偏远地区缺乏电网供应服务，独立的清洁能源应用设施通常有较高的经济性价比，并且对环境更为友好。当然，仅仅依靠单一的、经济性价比最高的清洁能源技术，同样会使能源结构缺乏多样性，从而降低能源的可获得性，因此不能单纯独立地考虑能源的可支付性。从以上成功的个例可以发现，只有实现清洁能源产业规模化才能够降低清洁能源产品成本，提高能源可支付性。

考虑到能源安全性分析能源的可支付性，对其产生主要影响的另一因素为价格波动程度与价格的不确定性。价格波动程度是指市场价格在一定时期内变化的范围。价格波动程度衡量了价格偏离平均价格的程度。价格的不确定性，是指平均价格的变化不稳定。化石能源技术需要化石燃料的输入,因此其产出价格会受到化石燃料价格的影响。清洁能源技术不需要有价格的原料输入,因此其技术产出价格不会受到原料价格影响。研究表明,美国和欧盟地区出现 10% 的油价上涨会造成 0.5% 的 GDP 损失。[①] 2009 年全球对清洁能源的支出仅达到 5 700 万美元,是上述 GDP 损失的 7.3%。非清洁能源价格波动造成的巨大经济损失主要是因为对单一能源的高度依赖,更多采用清洁能源则是减少对单一能源依赖的关键途径。如,在交通运输工具中采用生物质能或电力将减少对石油的需求;又如,清洁能源热能可以开始代替天然气、煤的消费,而清洁能源发电将缩减天然气和煤电市场规模。

在 2010 年世界能源展望报告中,石油价格低于 90 美元/桶,而 2011 年的报告中,石油价格已经达到 135 美元/桶。[②] 能源需求的急速扩张正在无限推高能源价格。世界普遍对非清洁能源的价格前景持悲观态度。2010年世界能源展望报告提到"廉价石油的时代已经结束"。随着新兴经济体的能源需求呈几何指数式增长,世界市场的所有非清洁能源市场都将面临巨大的需求压力(如石油、天然气和煤炭)。发展清洁能源产业是降低对非清洁能源依赖程度的战略选择,从而降低非清洁能源价格不确定性对经济的负面影响。清洁能源的可再生性、可持续性决定了其需求与供应能够保持较好的平衡,因此能够保证较为稳定的价格水平,有利于社会经济的发展。但是要实现清洁能源产品的稳定价格必须首先实现清洁能源产业的规模化,才能够以合理的供应价格满足对清洁能源的需求。在没有实现清洁能源产业规模化之前,不仅清洁能源产品成本较高,也难以满足巨大的需求,且不具有价格稳定性的优势。

(二)高科技化

发展清洁能源技术的最初动力是保护环境,实现人类社会经济发展与环境的可融性。实现能源消费对环境的低消耗或零消耗的目标对技术有着

---

① Rob Bailis & Barbar Sophia Koebl & Mark Sanders,Reducing Fuel Volatility——An additional benefit from blending bio-fules? *Utrecht school of Economics*,2011:58.

② 数据来源:《世界能源展望 2010》及《世界能源展望 2011》,国际能源机构。

极高的要求，这是一个崭新的、正在不断探索的技术领域，面临着极大的未知性和不确定性。清洁能源技术可以实现对资源进行去碳化处理、提高能源利用率、增加能源转化率等，通过发展及提高这些相关技术水平能够实现清洁能源产业发展对环境的保护作用。清洁能源产业高科技化发展特点是通过发展清洁能源产业保护环境的保证。

高新科技创新水平是国家综合国力的体现，也是一国产业结构升级的基础。清洁能源产业发展的高科技化特点有利于提高一国的科技创新水平，从而获得行业领先地位。许多清洁能源产业领先的国家，例如德国、丹麦和日本长期将工业和经济发展作为支持清洁能源技术发展的核心目标。这些国家鼓励产业集群发展，为清洁能源产业创新提供稳定的、可行的政策框架，同时提供可观的投资支持。清洁能源技术研发是知识密集型的，因此这些国家由于清洁能源产业的经验积累在产业创新方面走在了世界前端。对清洁能源技术研发的产业政策支持策略使得这些国家在技术出口扩展的过程中获得了先发优势和利益。

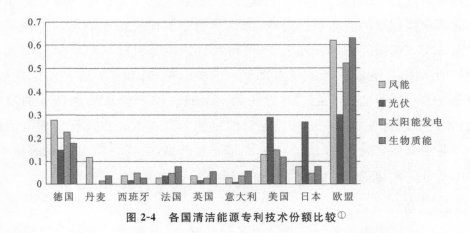

图 2-4　各国清洁能源专利技术份额比较[①]

---

　　①　数据来源：欧洲专利局、联合国环境规划署（UNEP）以及国际贸易和可持续发展中心（ICTSD）。

一国拥有的产业专利所占的世界份额是一国技术专业程度、未来市场发展潜力的重要标志。从图 2-4 可以看出,德国和丹麦在风能技术领域占据了较多的专利份额,美国、德国、日本则在太阳能光伏领域实现了最多的专利份额。欧盟地区的成员同样也在清洁能源技术领域实现领先,德国、丹麦和西班牙在生物燃料、生物发电、风能、太阳能发电技术方面实现了最大的专利份额。

(三)高风险化

清洁能源产业发展的规模化、高科技化特点对投资的需求极为巨大。据麦肯锡咨询公司统计,平均每个清洁能源技术企业的创业资金约需 1 400 万美元,中期投资在 1 亿—2 亿美元,并且需要更大规模的清洁能源基本建设与之配套。① 在清洁能源产业吸引大量投资的同时也伴随着产业内盲目投资、恶性竞争、效益较差、偿债能力不足等一系列问题。如果不能做到及时预警,有效化解这些问题,清洁能源产业将面临巨大的金融风险。

清洁能源科技及生产制造技术基础较为薄弱,项目开发的风险大。清洁能源产技术开发失败率较高。例如,2011 年 11 月 22 日,谷歌宣布放弃"比煤便宜的清洁能源"(Clean Energy cheaper than coal)计划。② 谷歌于2007 年开始对能降低能源价格的技术进行投资和研发,把重点集中在发展太阳热能、地热以及有趣的高空风系统。在计划初期,谷歌对于项目的成功有巨大的信心,也一直都致力于研发清洁能源技术,根据谷歌当时拥有的技术,想要提高太阳能热电厂的效率是轻而易举的。同时,谷歌重金投资于电子太阳能(eSolar)和明亮资源(Bright Source)的集中太阳能热系统。为了推动项目进展,还专门成立了"谷歌能源"部门。但是谷歌强大的技术和资金基础仍然没有能够成功完成该项目。由此可见,即使清洁能源开发商具备较高的技术水平、充足的资金支持,在清洁能源产业市场不成熟、未知性

---

① 《中国清洁能源产业技术存在瓶颈 面临三重风险》,见中国清洁能源网,http://www.newenergy. org. cn/html/0099/970929513. html,2012-03-23。

② 《谷歌宣布终止"比煤更便宜的清洁能源计划方案"》,见每日光伏新闻,http://www.pv-tech. cn/news/google_abandons_csp_engineering_project,2012-05-02。

高的环境下，依然面临着极高的失败风险。

　　清洁能源产业的高投资需求、高金融风险以及项目开发的高失败率说明清洁能源产业发展具有突出的高风险化特点。为了顺应清洁能源产业规模化、高科技化的发展特点，实现清洁能源产业发展的优势，必须通过清洁能源产业政策来解决清洁能源产业发展的高风险化。

第三章　产业政策及政策绩效国际比较

2008 年经济危机爆发后,世界经济还未全面复苏,欧债危机便再一次打击了脆弱的经济形势。世界各国均对未来一段时间的经济发展充满担忧。虽然各国着手解决暴露出的问题和缺陷,如加强对金融体制的监管、减少政府负债。但是在处理这些问题的同时,经济并没有呈现积极的好转趋势。其原因在于,世界经济陷入困境的根源问题是缺乏有效的经济增长点。工业革命之后,经济的繁荣总是伴随着一个产业的强势崛起,经历了信息时代之后,世界需要新的产业带动经济的再一次繁荣。清洁能源产业是最符合此需求的新兴产业。[①] 清洁能源具有多方面的特性,涉及一国能源安全、环境保护、经济可持续发展、世界战略地位等方面,其重要性毋庸置疑。现在世界上有约 90 个国家拥有清洁能源产业政策,根据本国的资源禀赋、经济发展水平、国家发展途径和目标选择适当的清洁能源产业政策将能够提高本国的综合竞争实力。

一、清洁能源产业政策的定位与范畴

回顾世界经济发展历程可以发现,产业的崛起需要前瞻性的、有效的产业政策的扶持,造就信息时代的正是各国政府实施的从研发、生产到推广应

---

① 有关清洁能源产业与全球信息化发展的关联请参阅［美］杰里米·里夫金(Jeremy Rifkin):《第三次工业革命》,张体伟、孙豫宁译,中信出版社 2012 年版。

用的一系列产业政策。现阶段为了发展清洁能源产业,同样需要适当的产业政策以支持、实现产业的提升,推动社会可持续发展。清洁能源产业经过了几十年的发展,已经达到一定的技术水平和应用规模,并展露出其愈来愈重要的经济性和战略性,运用产业政策大力推动清洁能源产业已成为各国的共识。本章基于理论与经验研究,分析了清洁能源产业的现状与特点,归纳相应的产业政策措施,总结出不同类型国家发展清洁能源产业的产业政策组合并对政策的绩效加以评述,并总结了清洁能源产业政策的三种类型,意为中国发展清洁能源产业的政策选择提供借鉴。

产业政策简单来说是政府出台的与产业相关的一切政策的总和。下面通过综述国内外有关产业政策的研究,总结各产业政策定义的差异,以明确本书论述的清洁能源产业政策的定位及范畴。

美国卡默斯·约翰逊提出,产业政策是政府有关活动的总体概括,政府活动包括在国内支持或者限制各类产业,通过这些活动从而取得在全球的竞争力。由于产业政策是政府的相关活动,它形成了政策体系,作为对货币政策、财政政策的补充,构成了"经济政策三角形的第三边"[1]。这一定义首先指出了政策具有双面性,可能促进产业发展,也可能限制产业发展。同时,该定义将产业政策与货币政策、财政政策并列,产业政策的范畴较窄。

日本宫本惠史指出:"产业政策是国家或者政府为了实现某种经济和社会目的,以全产业为直接对象,通过对产业的保护、扶植、调整和完善,积极或消极参与某个产业或企业的生产、营业、交易活动,以及直接或间接干预商品、服务、金融等的市场形成和市场机制的政策的总称。"[2]在该定义中,产业政策的范畴不仅包括直接干预,还包括间接干预。同时,该定义中已经指出了政府对市场形成和市场机制建设的行为是包含在产业政策中的。

日本小宫隆太郎提出:"产业政策是政府为改变产业间的资源分配和各

---

① Chalmers Johnson, *The Industrial Policy Debate*, Institute for Contemporary Studies Press, 1984.

② 中国社会科学院工业经济研究所、日本综合研究所:《现代日本经济事典》,中国社会科学出版社 1982 年版。

种产业中私营企业的某种经营活动而采取的政策。"①换句话说,它是促进某种产业的融资、投产、科研、工业化、现代化而抑制其他产业的政策。对产业实施保护性关税,对消费品克税,是在该定义中的产业政策的较为常用的手段。小宫隆太郎在后期把产业政策的内容扩大了,增加了产业基础设施政策、产业组织政策的内容。

宫本惠史和小宫隆太郎对于产业政策的定义,是从微观角度阐述了产业政策的对象和手段。定义中主要强调的是产业政策对资源配置的导向功能,同时指出了产业政策有时会以贸易政策的形式表现出来。

国内研究中,苏东水教授认为:"产业政策是一个国家的中央政府或地区政府为了其全局和长远利益而主动干预产业活动的各种政策的总和。"②在该定义中,政府实行产业政策的动力着眼于一国的全局利益、长远利益,因此在该定义中的产业政策具有国家战略性。

芮明杰认为:"产业政策的目标是政府需要修正市场可能出现的市场失灵或纠正市场方向所进行的活动,对产业发展、产业结构的调整和产业组织所采取的各种经济政策的综合,以优化经济发展。"③该定义的主要特征是将产业政策看作对市场失灵的纠正、调整。同时,产业政策仅限于经济政策。

杨治提出:"产业政策应是遵照市场客观规律来改变市场资源配置结构。政府制定产业政策要遵循本国的国情,明确定位其经济发展的阶段,将市场的资源配置作用作为基础作用,对国民经济的资源配置结构进行调整,或者辅助其合理结构的形成。产业政策通过科学、必要、适时和适度的引导和调控,从而不断优化资源配置结构,达到持续提高国民经济整体效益的目的,并寻求最大限度的经济增长和经济发展的经济政策。"④该定义强调了产业政策的实施需要遵循市场规律,是对市场的辅助和补充,在对产业政策与市场的定位方面与芮明杰的定义有本质的差别。同时,在该定义中,产业政

①　[日]小宫隆太郎、奥宽正野:《日本的产业政策》,国际文化出版公司1988年版。
②　苏东水:《产业经济学》,高等教育出版社2005年版。
③　芮明杰:《产业经济学》,上海财经大学出版社2005年版。
④　杨治:《产业政策与结构优化》,新华出版社1999年版。

策仅限于经济政策的范畴。

欧新黔认为："产业政策是国家为促进经济和社会发展,由政府对经济的资源配置结构及其形成过程,进行科学、必要、适度和适时的引导和调控的经济政策,是政府实行经济调节促进经济社会发展的重要手段,是国家加强和改善宏观调控中不可或缺的重要组成部分。"[①]该定义与上述杨治的定义有较多相似之处,都是从宏观角度对产业政策进行了界定。

周叔莲认为："产业政策是指国家(政府)系统设计的有关产业发展,特别是产业结构演变的政策目标和政策措施的总和。它是国家干预或参与经济的一种较高级形式,核心是经济结构,特别是产业结构问题。"[②]在该定义中,产业政策有双面性,可以是对市场的干预,也可以是遵循市场所进行的参与活动。同时,该定义强调的是,产业政策关键在于调整一国的产业结构,是从更为宏观的角度对产业政策进行的描述。

李贤沛、胡立君等认为："产业政策是在特定的政治经济背景下,在发挥市场配置资源的基础性作用的前提下,政府校正、引导、调整产业运行时所运用的法律法规、行政措施等手段的总称。"[③]该定义与其他定义最大的不同在于,在该定义中产业政策完全不涉及经济措施,而是由法律法规以及行政措施构成的。

总结国内外文献研究成果,本书认为产业政策的研究主要包括以下几个层次:①产业政策是政府有目的的行为,具有宏观战略性质,是实施国家战略的必要途径之一;②产业政策需要明确其与市场的定位。长期以来,"经济自由主义"与"国家干预主义"两者既相互对立,又相互影响,经过长期的经济实践,已经不能简单地做出结论走经济自由主义道路或实行国家干预主义,而是应该将两者的主张有机结合。将这一理念落实到产业政策与市场的定位问题上,市场"看不见的手"是在完美的前提假设下生效的,但是我们现阶段的市场存在着许多不满足有效市场假设的条件,在此阶段下产

---

① 欧新黔、刘江主:《中国产业发展与产业政策》,新华出版社 2007 年版。
② 周叔莲:《中国产业政策研究》,经济管理出版社 1990 年版。
③ 李贤沛、胡立君:《21 世纪初中国的产业政策》,经济管理出版社 2005 年版。

业政策应遵循市场规律，为创造更高效的市场提供良好的环境。在明确了产业政策的目的、产业政策与市场的定位后，就能够明确产业政策的措施即产业政策的范畴。本书定义的产业政策的范畴较广，既包括对产业的直接干预，也包括间接影响，具体来讲既包含经济、金融和财税手段，也包括对法律规章制度的制定、行政措施以及对民众的教育与引导。

二、清洁能源产业政策构成

所谓"清洁能源发展（促进）政策"，是指各级政府为了推动清洁能源技术的发展和应用，而采取的一系列有利于清洁能源行动的活动和措施。[①]

清洁能源发展政策由"清洁能源产业管理部门"、"清洁能源研究机构"、"相关法律法规"、"国家总体发展战略目标"及"各项激励措施手段"组成。

（一）管理部门与研究机构

统一高效的政府管理机构是保障技术进步和产业发展的重要基础。如为了加强清洁能源研究开发和示范计划的综合协调，提高资金的效率，2002年在首席科学顾问的倡议下，英国政府批准筹备成立了"国家能源研究中心"，并建立了由政府有关部门、外部专家以及私营部门代表组成的"清洁能源政策办公室"。该办公室负责既定战略方针的实施监督和评价，并适时顺应形势进行战略修订，为政府出谋划策。又如，印度政府早在1981年便在科技部下成立了一个"补充能源委员会"；1982年，印度又成立了一个完全独立的部门"非常规能源局"；该部门在1992年更名为"非常规能源部"。这些新型、高效、精干的管理机构，不仅行使清洁能源发展领域的行政职能，而且协调技术、金融、培训和市场等方方面面，推动产业的健康快速发展。

（二）法律法规

为了从法律上保障清洁能源的发展，很多国家都颁布了一系列政策和法律。如日本有1997年发布的《关于促进清洁能源利用等基本方针》和

---

① 清洁能源行动办公室编著：《清洁能源促进政策应用与分析》，中国环境科学出版社2005年版，第24页。

2003 年 4 月推行的《清洁能源法》。德国制定了《电力法》要求电力公司必须购买清洁能源电力,并向清洁能源电力生产厂家支付消费者电价的 65%—90%。[①] 1992 年美国制定的《能源政策法》是指导清洁能源发展的基础,也是制定清洁能源发展纲要和规划的基本依据。丹麦制定了《清洁发电法》,在鼓励电厂投资建设风电场、规范私人电场方面有一系列规定。英国制定了《电力法》,并据此制定了颇有特色的《清洁能源公约》,有力地推动了清洁能源的发展。除了带根本性的大法之外,有些国家还制定了一些相关的法规或条例支持清洁能源的发展。如美国《公共事业管理政策纲要》和《联邦电力纲要》,要求公共事业用户应以"可避免成本"比率从"合格的"清洁能源电厂(低于 80MW)购买电力等。这些法律法规的出台确定了清洁能源在整个社会经济发展过程中的地位。

(三)发展战略与目标

很多国家在清洁能源领域都有非常明确的发展目标。如,欧盟于 2001 年发布了《促进清洁能源电力生产指导政策》,要求到 2010 年欧盟电力总消费的 22% 来自清洁能源,并规定出了各成员国要达到的目标,如德国为 12.5%、丹麦为 29%、瑞典为 60%、意大利为 25%;[②]2009 年欧盟委员会制定了一项发展"环保型经济"的中期规划,其主要内容是,欧盟将筹措总金额为 1 050 亿欧元的款项,2009—2013 年的 5 年时间中,全力打造具有国际水平和全球竞争力的"绿色产业",并以此作为欧盟产业调整及刺激经济复苏的重要支撑点,以便实现促进就业和经济增长的两大目标;2011 年 3 月,美国政府高调发布《未来能源安全蓝图》,宣布计划激发创新精神,加快清洁能源开发,通过激励民间资本投资,使民众在能源独立和清洁能源计划中受惠得益。[③]

① 杜群、廖建凯:《德国与英国可再生能源法之比较及对我国的启示》,载《法学评论》2011 年第 6 期。
② 《国外促进清洁能源发展相关政策及对我国的启示》,见中国城市发展网,http://www.chinacity.org.cn/csfz/csgl/51284.html,2012-03-15。
③ 《奥巴马能源战略新目标》,见宏源资讯中心,http://www.hysec.com/hyzq/public/Infodetail.jsp?infoId=4752389,2011-03-02。

（四）激励措施与手段

进入 20 世纪 90 年代,不同国家根据各自的能源状况在发展清洁能源时,选择了适应本国情况的发展战略和政策,有的规定在输出火电力时支付较高电价或制定所谓绿色定价的价格手段,有的实行投资补贴,也有的国家主要通过税收调节。这些国家先后采取了配额制、强制购买、有限竞标、绿色证书、特许经营等激励政策。2008 年 11 月 23 日,法国总统宣布建立 200 亿欧元的"战略投资基金",①主要用于对汽车业、能源业、航空业等战略行业企业的投资。这些优惠政策成为各国清洁能源产业发展的初始动力。

从行业整体水平看,清洁能源产业中一部分较为领先的技术已经能够达到大规模开发应用阶段,产业内部出现了垂直整合,进入到产业发展的新的阶段;全球化步伐也在逐步加快,市场规模逐步扩大。清洁能源产业中领先技术的成功发展为其他尚处在起步阶段的清洁能源技术提供了经验,适当的产业政策的支持对清洁能源产业发展至关重要。

三、清洁能源产业政策成因

清洁能源发展政策形成的动力有两种:①为了摆脱能源供应安全困境;②为了促进发展。能源供应安全困境具体包括:能源可获得性低,能源价格高且能源价格不稳定。为了摆脱能源供应安全困境的国家必须着手改善其对单一能源的依赖,增加自身能源生产,通过多样化能源供应结构来提高能源安全保障。因此,这类国家所采取的清洁产业发展政策会侧重于清洁能源产业的产业链后端——清洁能源产品的大规模应用。促进发展的动因包括:提升本国经济发展,抢占行业科技水平领先地位,制定行业规范以获取先发优势,改善本地及全球环境。致力于促进发展的国家所采取的清洁能源发展政策一般会侧重于清洁能源产业的产业链前端——清洁能源技术的研发。

---

① 《法国将建立 200 亿欧元的战略投资基金》,见国际在线专稿,http://gb.cri.cn/19224/2008/11/20/3365s2332384.htm,2011-03-01。

(一)发展清洁能源两类动力矩阵

每个国家发展清洁能源的动力是多样的,因此清洁能源发展政策也各异,但又有共性。结合一国的社会经济发展水平及国家能源战略,本研究试图通过矩阵分析方法对全球不同国家的清洁能源发展政策进行分类,并加以说明。

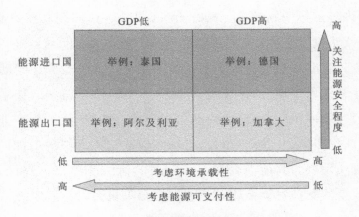

图 3-1　清洁能源发展政策动力分析矩阵

图 3-1 是根据上述发展清洁能源的两类动力所构建的矩阵:①能源安全关注程度,能源安全关注程度描述的是国家对未来能源发展战略的选择;②GDP 总体水平,GDP 总体水平描述的是一国对清洁能源发展的投资能力,即是否有足够能力进行技术投入。

根据国际能源机构的统计,1990—2009 年各国清洁能源产业的增长率代表了各国的政策选择:能源进口国更倾向于开发清洁能源技术,国家GDP 水平则影响着清洁能源的应用程度。当然对能源安全的考量以及GDP 水平这两个指标并不是绝对和排他的,产业发展政策的确立背后因素众多,但"对能源安全的考量"和"GDP 水平"确实是影响清洁能源产业发展的关键因素。根据国际能源机构的分析,清洁能源产业增长与 GDP 的相关性为 $p<0.003\ 5$,能源进口国清洁能源的增长率显著高于出口国。① 那些GDP 水平较高,或者对能源安全性关注较高的国家更有动力推动清洁能源

---

①　数据来源:《世界清洁能源展望 2011》,国际能源机构。

产业发展。GDP 水平同样影响着清洁能源品种和技术的选择,欠发达国家往往关注成本较低、较为稳定、风险较小的技术,如生物质能和地热能。

综合上述分析,本书将清洁能源发展政策分为"技术型清洁能源发展政策"、"消费型清洁能源发展政策"、"生产型清洁能源发展政策"。"技术型清洁能源发展政策"是指政策的目标是为实现某产业内技术的领先地位、获得先发优势而制定的一系列产业政策,包括大力投入研发资金、扶持科研机构、形成技术产业园区或核心区等。"技术型清洁能源发展政策"将帮助本国掌握清洁能源产业的核心技术,获得制定行业标准的能力,并通过技术创新带动多项相关产业的发展,从而提高本国的综合竞争能力。"消费型清洁能源发展政策"是指产业政策目标为改变能源消费结构、提高能源自给率、以清洁能源应用为重点的产业政策组合,包括实施上网电价、税收补贴、义务应用等措施。"生产型清洁能源发展政策"是以扩大清洁能源产品的生产能力、以清洁能源产品参与国际贸易、提高一国国民收入的产业政策组合。生产型清洁能源发展政策关注清洁能源产业的生产制造环节,依靠本国的资源禀赋优势,以更低的成本大规模生产清洁能源产品。三类清洁能源发展政策代表了不同发展模式下的国家对清洁能源发展政策组合的选择。

(二)清洁能源产业政策的具体成因

近些年,清洁能源产业出现了一股投资热潮。2004—2009 年,在清洁能源领域的新增投资增长了 5 倍,达到了 16 000 万美元。[①] 虽然现阶段无法综合全面地统计全球能源领域的投资,但是据国际能源机构初步估算,清洁能源技术的投资占总投资的 15%—20%。市场的大规模扩张已经帮助部分清洁能源产业技术达到成本曲线的拐点,开始进入大规模商业应用阶段。

影响清洁能源技术应用的因素主要有两点:①清洁能源技术本身的成熟度;②清洁能源技术的外部性是否被内化以及其内化的程度。外部性在经济定义中指一个人的行为直接影响他人的福祉,却没有承担相应的义务

---

① 数据来源:《世界清洁能源展望 2011》,国际能源机构。

或获得回报,亦称"外部成本"、"外部效应"或"溢出效应"。在本书中,清洁能源技术的外部性主要指其对生态环境产生的正外部性。如果没有内化清洁能源技术的外部性,那么清洁能源产业的发展将会面临一系列的经济壁垒。另外,非经济壁垒也在阻碍着清洁能源产业的自然发展,需要产业政策的支持。归纳清洁能源产业所面临的壁垒是制定有效产业政策的前提。

清洁能源产业面临的壁垒可分为"经济壁垒"和"非经济壁垒"。

1. 经济壁垒

经济壁垒是当清洁能源技术产生的正外部性并没有被内化后所形成的障碍,包括进入壁垒和盈利壁垒。非清洁能源长期垄断能源领域,非清洁能源在未实现规模化之前成本较高,难以以能源市场平均成本提供产品,进入市场的难度较高。盈利壁垒是指清洁能源较高的生产成本、没有被内化的正外部性均导致了其价格被扭曲,在现阶段市场竞争中难以盈利。

2. 非经济壁垒

非经济壁垒是指完全阻碍了清洁能源技术的应用(无论使用者愿意支付多高的价格),或者不必要地提高了技术应用的成本。由于清洁能源技术是起步较晚的技术,在应用实践中,各国更关注对经济障碍的克服,但是清洁能源产业同样面对许多非经济壁垒。非经济壁垒将影响清洁能源产业持续发展的能力和空间。

非经济壁垒可以进一步划分为:

(1)规章制度和政策的不确定性壁垒。例如较差的政策规划,政策、立法缺乏连贯性、缺乏透明度等。

(2)组织机构壁垒。包括缺乏强大的专业机构,缺乏清晰的责任划分以及复杂、缓慢且不透明的许可过程。

(3)市场壁垒。例如不一致的价格结构对清洁能源产生影响,信息不对称,化石燃料的替代作用以及尚未将社会和环境成本内生化的影响。

(4)金融壁垒。缺乏足够的资金支持,缺乏为清洁能源产品开发的金融产品。

(5)基础设施壁垒。主要是指能源系统的灵活性,例如电网是否能够接入清洁能源的发电。

（6）知识与人力资源壁垒。缺乏清洁能源的相关知识,缺乏相关产业技术人员。

（7）公众接受程度和公众意识壁垒。清洁能源产业的发展必然对非清洁能源产业造成挤压或替代的影响,在非清洁能源产业就业的劳动者面临着失业、再就业的挑战。另外,清洁能源产业现阶段较高的应用成本也需要公众意识的配合。

（三）克服壁垒的相应产业政策

非清洁能源技术已经经历了 150 年的系统研究和学习,所形成的技术知识积累远远高于清洁能源技术。虽然如此,清洁能源技术的成本也在短期内实现了快速降低,这表明推动清洁能源技术的大规模应用是降低清洁能源技术成本的直接方式。

清洁能源产业政策主要通过直接调控清洁能源产品供给和需求来达到市场规模增长的目的。产业政策可以为清洁能源创造特定的收入渠道,或者强制市场使用某项特定的清洁能源产业技术,以克服清洁能源产业面临的壁垒。现阶段,创造特定的收入渠道的最普遍的措施是上网电价。在少数国家也在进行清洁能源强制许可制度,这类许可制度通常与配额制相关联,许可制度规定必须使用特定技术达到规定的比例,同时辅助以许可交易系统为清洁能源产业技术创造收入渠道。

具体来说,为克服经济壁垒,清洁能源产业政策主要有三种具体措施:上网电价、与配额制相配套的可交易绿色凭证系统以及招标。另外,为实现清洁能源产业技术的大规模应用,还会使用税收激励和现金奖励等政策措施。

1. 上网电价

上网电价保证了清洁能源发电以固定的价格被购买。这个价格维持的时间段很长,通常为 20 年。在规定时间内,除了因为通货膨胀而进行价格调整外,上网电价会保持恒定不变。

除了恒定的价格外,随着实践的进展,上网电价出现了溢价获利。清洁能源发电方在市场中卖出电力并得到溢价。这个溢价可以是固定的,也可以依据电力市场变化,例如,电力市场总收入和溢价是确定在一定的范围内。一些政府对从上网电价中获得的利润规定了每年的最高限额。

现在对上网电价进一步的发展是被称作"关联定价"(Breathing Cap)的定价方法,在德国用于太阳能光伏发电的电力定价,并将价格与上一年度太阳能光伏的应用量相关联,太阳能光伏安装得越多,价格下降得越快。

2.绿色交易凭证系统

绿色交易凭证系统的建立基于这样一种理念,将电力与它的"绿色"效应分解开。电力在普通市场上销售,清洁能源发电厂可以卖出一定额度的、代表以清洁能源生产电力的证书。这类证书可以在一个独立的市场进行交易。电力消费者或零售者被要求购买一定数额的这类证书。证书数额的总量就是每年清洁能源生产电力的上限,因为如果证书供给过多,证书的价格会迅速下降。绿色证书交易系统还规定了惩罚措施,对于那些没有购买足够的证书的企业,需要缴纳规定数额的罚款。在多数情况下罚款率决定了证书的最终价值。

在最初的交易系统中,证书没有按照不同的技术进行区分。但是现在交易系统中开始更多关注某些技术的证书,这些技术虽然生产电力价格较贵,但是更有发展潜力,能够加速清洁能源技术的应用。

3.招 标

在招标计划中,政府宣布其项目需求,说明安装一定容量的特定技术或者安装配套设施。清洁能源项目开发者投标承接项目并且在标书中标明最低价格。政府对投标者通常有特定的要求,如投标者必须是本地生产商,具备相关技术资质。投标者中竞价最低的中标。通常合作双方签订长期合同,如电力采购协议。招标措施克服了两项清洁能源产业面临的壁垒:招标为清洁能源开发者提供了有保证的需求,并且在理论上保证了投标者收入将高于其成本,降低清洁能源产业面临的风险。

4.税收激励

美国联邦政府尤其依靠税收刺激手段支持清洁能源产业应用,要实施税收激励政策的前提是税额能够在美国境内交易。如果风能发电厂产出了价值 100 美元的扣税额度,发电厂拥有者可以将这项扣税卖给其他公司用来减免税。

5.直接现金拨款和返还

直接拨款购买某项清洁能源技术生产的电力,是最直接、最简单的确保清洁能源技术能够盈利的方式。在美国,第 1603 条"资助计划"这样规定:清洁能源产业项目的开发者可以得到其项目成本的 30% 的现金返还。现金返还降低了清洁能源技术电力的价格,使得这类技术在市场中更有竞争力。当 2009 年经济危机造成上述的税收激励政策崩溃后,直接现金拨款和返还成为了更有效的支持方式。

四、清洁能源产业政策及绩效国际比较

清洁能源产业在各方面都具有极高的重要性:在经济方面,清洁能源是新的经济增长点,极有可能开创继信息时代之后新的经济繁荣时期;在国家战略方面,发展清洁能源是提高一国能源自给能力,确保一国能源安全的主要途径。因此,发展清洁能源产业是每个国家不容忽略的战略目标。但是,由于各国的资源禀赋、经济发展状况、社会政治结构等因素的不同,发展清洁能源产业的动力、目标也各有不同。

(一)技术型清洁能源发展政策——德国

1.技术型清洁能源发展政策的特点

技术型清洁能源发展政策是指产业政策的目标是为实现某产业内技术的领先地位、获得先发优势而制定的一系列产业政策,包括大力投入研发资金、扶持科研机构、形成技术产业园区或核心区等。技术型清洁能源发展政策将帮助本国掌握清洁能源产业的核心技术,获得制定行业标准的能力,并通过技术创新带动多项相关产业的发展,从而提高本国的综合竞争能力。

适合实施技术型清洁能源发展政策的国家主要的特征是:经济水平较高,能源可支付性较高;更为关注环境保护、技术创新等因素;在一定程度上关注能源安全,也就是产业政策动力矩阵中的右下角部分,见图 3-2。

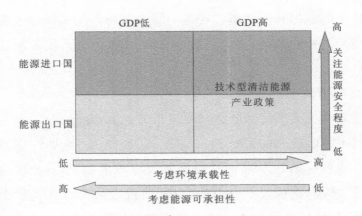

图 3-2　技术型清洁能源发展政策动力分析矩阵

2011 年德国 GDP 排名世界第四,①经济表现良好。虽然 2008 年经济危机发生时,德国是最早受经济衰退影响的国家之一,但由于其良好的经济结构、合理的复苏政策,其经济复苏速度却远远超过了欧盟其他国家。2011年,德国的失业率达到 20 年来最低,对欧盟内部的出口创近年高位,经济保持着繁荣的活力。

据德国政府官方数据,2010 年该国 17％的电力需求由清洁能源提供,2011 年上半年这一比例升至约 20％。其中,风能占比最大,满足了德国7.6％的电力需求,居于支柱地位。② 德国在风能技术方面的领先地位是依靠产业政策的多方位支持实现的。

2.技术型清洁能源发展政策的机制及实践

技术型清洁能源发展政策是以清洁能源产业的前期研发为政策目标,以提高本国的科技创新能力为目的所实施的产业政策。由于清洁能源产业并未发展成熟,其科研投入面临着较大的风险,加上大多数清洁能源产品成本高于替代产品,企业对清洁能源产业进行科研投入的动力较小。但是,清洁能源产业的创新技术代表着未来的发展方向,掌握了清洁能源产业核心

---

①　数据来源:世界银行数据库,http://data.worldbank.org/indicator/NY.GDS.TOTL. ZS,2012-04-19。

②　《德国领跑全球清洁能源产业》,见国家能源局网站,http://www.nea.gov.cn/2012-05/ 04/c_131568911.htm,2012-04-19。

技术,就能够掌握未来产业的话语权,获得更长远的经济利益,并能够实现国家产业综合实力的上升。

技术型清洁能源产业的运行机制包括直接参与与间接影响。直接参与是指设立科研机构,培养科研人员,进行基础性、非盈利性的科学研究,为技术开发奠定基础。间接影响是指政府为科技研发提供良好的经济、政治及人力资源环境。通过直接参与与间接影响,技术型清洁能源发展政策从整体机制上为清洁能源前期研发创造了良好的发展基础和空间。

德国联邦政府于 2003 年制定了促进清洁能源开发的《未来投资计划》,迄今已投入的科研经费约为 17.4 亿欧元。[①] 目前,德国政府每年投入 6 000 多万欧元,用于开发清洁能源。政府的其他部门,如联邦环境部、联邦经济技术部、联邦研发技术部,通过实施科技计划来推动清洁能源的技术研究。如联邦经济技术部设立、实施创新联盟计划,国家高技术战略框架中的促进计划,支持中小企业研究联盟的计划,尖端技术和领域的计划,精英团体计划,联邦研发技术部推动的 250MW 计划,联邦环境部设立的海上风电基金会,等等。

在政府产业政策的支持下,德国风能研究所处于行业前沿。德国塞克森政府为了支持风能行业在 1990 年专门成立了风能研发机构——德国风能研究所(Deutsches Wind Energie Institut,简称 DWEI),该机构位于德国北部的威廉港,主要从事项目开发咨询、技术培训、风机技术研发、风场评估、海上风机研发等工作。德国风能研究所已在全球 30 多个国家建立客户服务,参与实施 60 多个研究项目,与其他国际机构合作完成相关国际标准的编制并且成为指导委员会的成员。德国风能研究所目前举办的课程及讲座已经超过 150 次,在全球 35 个国家已有超过 2 500 位学员接受培训。近年来,德国风能研究所的主要工作方向由最初的课题研究工作向风电服务业务转变,目前公司超过 75% 的利润来源于风电服务业务。德国风能研究所提供的技术服务咨询包括经济性研究、电场规划、项目认证、在线监控、负载评估、风机动力性能分析、联网、噪音等。2003 年,德国风能研究所风机

---

① 《清洁能源与清洁能源国际科技合作计划》,见中国国际科技合作网,http://www.cistc.gov.cn/xinnengyuan/xinnengyuan4.asp? column=534&id=68436,2012-03-19。

认证及海上风能公司(DWEI-OCC)在德国库克斯港成立,德国风能研究所开始进入风机认证这一重要领域,同时在积极准备进入充满挑战的海上风能领域。[①]

德国风能和能源系统技术研究所(Fraunhofer-Institute for Wind Energy and Energy System Technology,简称"Fraunhofer-IWES")隶属于德国也是欧洲最大的应用科学研究机构 Fraunhofer。该研究所主要从事清洁能源战略应用方面的项目研发,其中大型风电场的并网问题是他们的一项重要研究课题。德国风能预报系统和并网技术均来自于该研究所。[②]

由德国奥登堡大学、汉诺威大学和不来梅大学联合建立的风能研究所(For wind),整合了超过 25 家团体和研究所,是德国风能和能源系统技术研究所的战略合作伙伴,主要从事海上风机的尾流、气动、湍流等方向的研究,该风能研究机构参与了德国 3 个风场的建设。[③]

德国政府将汉堡打造为世界风能研发中心,充分发挥了其区域集聚优势。汉堡是德国最大的经济中心城市,也逐渐发展成为了德国乃至世界的风能研发中心。在汉堡落户的企业占全球最先进的 15 家风能企业中的一半,如:西门子(Siemens)、印度风电巨头苏司兰的德国研发中心位于汉堡;丹麦的风机制造商维斯塔斯(Vestas)和美国能源公司皮博迪(Broadwind)的欧洲总部建于汉堡;德国风能开发商瑞能(REpower)及恩德(Nordex)也在汉堡设立了总部。[④]

汉堡成为风电企业聚集地主要归因于三点因素:①汉堡经济发展较好,有较强的经济实力,而风能产业较为昂贵,需要优厚的经济基础;②汉堡的辐射半径囊括德国北部地区,是德国风电产业发展比较集中的地区,创始于 1989 年的胡苏姆(Husum)国际展距汉堡约 150 公里,是风能领域的行业风向标;③政府的定位和扶持到位。汉堡市政府在多年前便将目标定为建设

---

① 资料来源:德国风能研究所网站,http://www.dewi.de/dewi/index.php,2012-03-20。
② C·Ender、姚兆宇:《2009 年德国风能开发及利用情况分析》,载《风能》2010 年第 7 期。
③ "For wind",见能源研究机构网站,http://www.forwind.net/,2012-03-20。
④ 《汉堡成为德国风能研发中心》,见山东国际商务网,http://www.shandongbusiness.gov.cn/index/content/sid/115415.html,2012-03-20。

国际环保示范城市,其中引进国际风能开发商是其主要内容。在常规招商引资的基础上,各类经济促进机构还针对风能行业的特点,通过深入周到的一站式特色服务,吸引风能开发商落户汉堡。

3.德国技术型清洁能源发展政策的成效

德国清洁能源发电量占全国发电总量的17%,其中风能贡献最大,供电比率接近8%。目前,德国风电累计装机和发电量稳居欧洲第一位,约占全球份额的20%。据全球风能协会的统计显示,2010年德国新增958台风力发电机,合1 917MW,总装机量高达27 694MW,在欧洲风电市场保持领先地位。[①]

表3-1 德国各年风电累计装机容量(单位:MW)

年份	2002	2003	2004	2005	2006	2007	2008	2009
装机容量	11 994	14 609	16 629	18 415	20 622	22 247	23 903	25 777

德国风电设备制造业世界领先,得益于政府的大力支持和全球风能市场的不断增长,德国风电设备的制造和出口均呈现稳定上升趋势。在全球风力发电设备市场上,德国所占份额高达22%,拥有10多家致力于研发风能发电的大型跨国企业,风能行业从业人数已突破90 000,年节能产值高达250亿欧元。全球十大风电设备企业有3家来自德国。

此外,德国的海上风电进入高速发展阶段。德国第一座海上风力发电站阿尔法文图斯(AlphaVentus)已于2010年11月投入使用,总装机容量达60MW,可满足50 000个家庭的用电需求。目前,德国在建及已批准的海上风电项目多达29个。[②]

德国在风能产业的突出表现主要得益于该国技术型清洁能源发展政策的支持。充足的科研资金为风能技术研发奠定了技术基础,帮助企业减少了科研投入的高风险;汉堡形成的风能研发中心的区域集聚效应帮助德国吸引了世界各国最先进的风能技术和行业参与者。

---

① 《德国风能市场十年间发展概况》,见国际能源网,http://www.in-en.com/article/html/energy_1454145497913805.html,2012-03-20。

② 《德国海上风电发展分析及启示》,见中国清洁能源网,http://www.newenergy.org.cn/html/01111/1141143328.html,2012-03-20。

(二)消费型清洁能源发展政策——日本

1.消费型清洁能源发展政策的特点

消费型清洁能源发展政策是指目标为改变能源消费结构、提高能源自给率、以清洁能源应用为重点的产业政策组合,包括实施上网电价、税收补贴、义务应用等措施。

选择消费型清洁能源发展政策的国家特点为:能源自给率极低,迫切关注能源安全;经济水平较高,有一定的能源可承担性,但是仍需要快速降低能源使用的成本;以往能源结构需要大幅度调整。

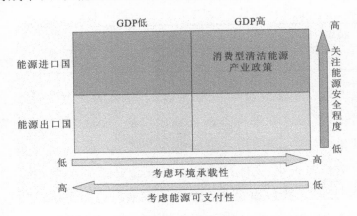

图3-3　消费型清洁能源发展政策动力分析矩阵

2011 年日本 GDP 排名世界第三,GDP 增长率为－0.9％。[①] 2011 年日本能源自给率为 16％,如果去除能源结构中的核能则日本的能源自给率仅为 4％。

2.消费型清洁能源发展政策的机制及实践

消费型清洁能源发展政策是以清洁能源产品的后期推广应用为政策着眼点,目标在于提高能源自给率,改变能源消费结构。由于清洁能源产品相对于其在市场中的替代品来说价格普遍偏高,大部分产品没有具备相应的市场竞争力,因此消费型清洁能源发展政策需要通过立法、行政干预等手段

---

① 数据来源:世界银行数据库,http://data.worldbank.org/indicator/NY.GDS.TOTL.ZS,2012-03-03。

帮助清洁能源产品的规模化应用。

消费型清洁能源发展政策主要为直接干预，间接影响的作用较小，但也不容忽视。直接干预主要包括财政补贴、税收减免及强制应用；间接影响包括倡导大众主动选择清洁能源产品。

福岛核事故迫使日本改变能源结构。日本 2010 年 GDP 总量排名世界第三。福岛核泄露事件后，日本不得不迅速改变能源结构。按照日本核事故之前的能源计划，到 2020 年日本核电将占到总能源的 45.4%，事故之后核能的比例必将下降，只有清洁能源在一定程度上能够补充核能减少的比例。但是清洁能源的大比例上升必将带来电价的再度高企，日本经贸工业部（METI）估计电价将会上涨 20%。因此实施针对清洁能源应用的产业政策十分必要。

日本长期坚持运用产业政策支持太阳能光伏产业的应用。日本最早推行太阳能产业政策，多年来始终坚持运用产业政策支持太阳能光伏产业的应用。1974 年日本制定了"阳光计划"，该计划的主要目标是利用太阳热能，降低太阳能电池的成本以及推广屋顶并网系统设施，计划的初始补贴达到了太阳能系统造价的 70%。[1]

1997—2004 年，日本政府向用于住宅屋顶上的太阳能电池板安装工程投入了 1 230 亿日元的辅助金，除了对太阳能生产企业的补贴以使其降低成本之外，日本政府对清洁能源消费者（建筑物业所有者）、能源管理企业进行直接补助，对本土居民安装太阳能光伏发电系统提供投资补贴，补贴额度起初为 100%，使太阳能电池板用户越来越多，由此收回了成本，拉低了市场价格。随着太阳能光伏产业的逐渐成熟和市场化，补贴额度逐渐降低，并于 2005 年取消了该项补贴，以此来激励太阳能发电产业实现完全市场化运作。[2]

---

① 《日本阳光计划》，见中国设备网，http://www.cnsb.cn/html/news/85/show_85577.html，2012-03-02。

② 《日本在清洁能源领域拥有诸多世界领先技术》，见电池论坛，http://club.qqdcw.com/showtopic-3143.aspx，2012-03-03。

从 2006 年开始,日本环境省实施"太阳作战"计划,对家庭用户的太阳能发电设备以消减二氧化碳排放为目标,通过发放补贴,大规模且有系统地推动太阳能发电产业。补贴的具体规定是,以太阳能发电设备所生产的电量为基准,从替代电网电量的概念计算二氧化碳消减量,对消减量进行补贴。根据发电设备的大小,确定补贴期间(基本为 3 年),并对安装费用予以补贴。①

2011 年日本经济产业省制定了新的"阳光计划",计划在 2030 年将太阳能发电量增加至目前的 15 倍。按照这份计划的预计,随着太阳能电池技术的不断成熟以及市场的扩大,到 2030 年时太阳能发电成本将缩减为现在的 1/6,与火力发电成本相当。此外,该计划将通过在所有符合条件的房顶上安装太阳能电池的举措,到 2030 年时实现将 2009 年底的 262.7 万 kW 设备容量增至 15 倍的目标。②

2012 年日本政府颁布了新的上网电价补贴计划,在 2012 年 7 月 1 日—2013 年 3 月 31 日期间实施,针对非住宅用户,达到 10kW 以上的系统按照 40 日元/(kW·h)(约合 50 美分)的价格补贴 20 年,并同时实施额外的消费税,以平衡现有税率;而对于住宅用户,小于 10kW 的系统将以 42 日元/(kW·h)(约合 52 美分)的价格进行 10 年补贴,并对超出的发电量制定了税率和上网减价补贴政策。目前日本的上网电价补贴率分别为 55 美分/(kW·h)(小于 10kW)和 52 美分/(kW·h)(大于 10kW),系统规模上限为 500kW(预计这一限制将在新法实施后被废除),并含有自用住宅补贴模型。③

日本产业政策引导太阳能光伏研发关注应用成本的降低,以促进应用规模的增长。在技术研发方面,日本也更加注重太阳能光伏的应用技术,目

---

① 《日本清洁能源有多大发展空间》,见新浪财经网,http://finance.sina.com.cn/chanjing/b/20060726/1007820324.shtml,2012-03-03。

② 《日本新阳光计划向七大领域进军》,见生意社网,http://china.toocle.com/cbna/item/2009-04-27/4541934.html,2012-03-03。

③ 《日本上网电价补贴政策有益于太阳能产业增长》,见硅业网,http://www.windosi.com/news/201205/377827.html,2012-03-03。

前的研究开发重点放在低成本大规模生产技术的开发方面。为了使日本的太阳能发电系统的引进规模在 2020 年增长到目前水平的 20 倍,2010 年 6 月 30 日,日本清洁能源产业技术综合开发机构(NEDO)开始实施为期 5 年的"下一代高性能太阳能发电系统技术开发"国家项目。期望实现晶体硅、薄膜硅、CIS 复合系统、染料敏化和有机薄膜等太阳能电池进一步降低成本、提高效率,同时对太阳能电池的发电量、可靠性等指标评价技术以及新材料等相关技术进行研发。项目目标为到 2020 年各种太阳能电池能够产业化。①

政府建立示范区,实验推广太阳能光伏技术的应用。日本政府为了推广太阳能发电,正在努力建设示范区。在日本关东地区,东武伊势崎铁路线的太田车站西北 5 公里处,有一座小小的卫星城,里面都是新型住宅。一看屋顶就会发现,所有的房子都装有太阳能电池板,这是日本经济产业省的太阳能发电试点区。各家除了太阳能发电设施外,也装有一般的输电线,夜里、阴天太阳能发电不够用的时候,电力公司可以供电。相反,阳光强烈、太阳能产生的电力用不完时,又可通过电线把剩余的电力输送给电力公司。②

政府还颁布法案等规章制度,为太阳能光伏产业的应用提供法律环境。2000 年,日本颁布了《绿色购入法》,各电力公司设立了绿色电力基金用来购入太阳能光伏发电系统等的清洁能源的剩余电力。③

2011 年 8 月,日本通过《清洁能源收购法案》。按照该法案,日本从 2012 年 7 月起正式推行"全量能源购买制度",由电力公司向企业收购库存能源,促进太阳能产业成长。鉴于该法案推行在望,不少日本企业纷纷大规

---

① 《日本开始实施为期 5 年的"下一代高性能太阳能发电系统技术开发"国家项目》,见渤海电缆网,http://www.bhdlw.com/news/show.php? itemid=931,2012-03-03。

② 《国外清洁能源:日本:太阳能发电前景广阔》,见新浪新闻中心,http://news.sina.com.cn/w/2004-08-25/10543490494s.shtml,2012-03-03。

③ 《绿色采购在国外》,见中国能源服务网,http://www.chinaesco.net/newshtml/xxzx/20070717153539.htm,2012-03-03。

模布局太阳能产业,以期抢占市场先机。①

3.日本消费型清洁能源发展政策的成效

虽然日本目前太阳能电池产量次于中国和欧洲,但已占据了太阳能电池产业链条的制高点。在光伏产业利润最丰厚的上游多晶硅原料七大生产厂商中,有3家是日本企业,第一位的美国公司也有2家日本企业持股。日本还拥有全世界前两大电子级多晶硅生产商,两者占据全球市场50%以上的份额。② 综合来看,日本厂商对光伏产业链的影响举足轻重。

(三)生产型清洁能源发展政策——巴西

1.生产型清洁能源发展政策特点

生产型清洁能源发展政策是以扩大清洁能源产品的生产能力、以清洁能源产品参与国际贸易、提高一国国民收入的产业政策组合。生产型清洁能源发展政策关注清洁能源产业的生产制造环节,依靠本国的资源禀赋优势,以更低的成本大规模生产清洁能源产品。生产型清洁能源发展政策的重点在于支持、鼓励原料生产供应、工厂建设及出口支持。

选择生产型清洁能源发展政策的国家特点为:经济水平较低,处于发展中阶段,主要专注点为实现经济持续增长;能源自给率不高,本身有保证能源安全的需求。

2011年巴西GDP世界排名第六,③GDP增长率为2.7%。④ 在能源自给率方面,巴西热能或机械能自给率达100%,电力自给率达95%。

2.生产型清洁能源发展政策的机制及实践

生产型清洁能源发展政策是以清洁能源产业中期阶段的生产为目标,注重产品的大规模生产及出口。生产型清洁能源发展政策的目的是将清洁

---

① 《日本市场引中外光伏企业争相杀入》,见中国清洁能源网,http://www.newenergy. org.cn/html/0124/4281245713.html,2012-03-03。

② 《日本能源:从进口大国到技术出口大国》,见求实理论网,http://www.qstheory.cn/ gj/gjgc/201104/t20110425_78204.htm,2012-03-03。

③ 数据来源:世界银行数据库,http://data.worldbank.org/indicator/NY.GDS.TOTL. ZS,2012-04-19。

④ 数据来源:巴西统计局,http://www.ibge.gov.br/english/,2012-04-19。

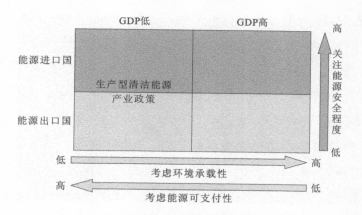

图 3-4 生产型清洁能源发展政策动力分析矩阵

能源生产作为一国经济收入的来源,以提高国家经济水平。由于生产型清洁能源产业机制的目标在于大量出口,因此其产品必须具有国际竞争力,要尽可能压低从原料到出口关税等一系列成本及阻碍。

生产型清洁能源发展政策机制包括直接干预与间接影响,两者同等重要。直接干预包括对原料生产给予补贴或税收刺激,直接投资生产制造方,运用法律规章制度强制一定比例的生产。间接影响包括,培养产业生产技术人才,通过区域合作、国际协议等方式创造良好的国际贸易环境。

(1)巴西长期运用产业政策鼓励乙醇和生物柴油原料的种植及生产。巴西制定了一系列税收激励和津贴发放政策。以鼓励巴西北部及东北部地区(特别是半干旱地区)的小农户种植生产生物柴油的原料。巴西联邦政府对生物柴油产业链上所有的产品都不征税。

巴西实施对种植甘蔗和生产乙醇的个人和单位提供低息贷政策,同时实施由国有石油公司收购燃料乙醇的政策以调动农民和乙醇生产商的积极性。另外,还对生物燃料实行低税率政策(如圣保罗州的乙醇税率为 12%,而汽油税为 25%)。[1]

巴西生产的生物燃料具有价格优势。巴西以甘蔗为原料,蔗汁用于生产蔗糖和乙醇,蔗渣用来发电供糖厂生产蔗糖,多余电力上网供给当地居民或企业。这种蔗糖—乙醇—热电联产的综合利用方式使得乙醇生产成本非常低廉,约为 0.2 美元/升;而美国以玉米为原料,年产量 80 亿升,成本为 0.25 美元/升;欧盟以小麦为原料,成本为 0.48 美元/升,而利用纤维素生产乙醇则成本高达 1.4 美元/升。[①]

(2)巴西政府推动乙醇产业国际化,扩大乙醇市场。具体举措如下:

招商引资,为本国乙醇生产注资。在大力发展国内乙醇产业的同时,巴西近年来还积极推行乙醇产业的国际化,大力开展招商引资,以解决国内资金短缺的难题。而不少国外企业也看好巴西乙醇的市场潜力,通过收购股份、合作经营、新设厂房等方式不断增加对巴西的投资。法国是最早进入到巴西乙醇产业的国家。法国的食糖及乙醇生产企业 TEREOS 集团和路易达孚(Louis Dreyfus)公司自 2000 年起对巴西进行投资,目前各经营乙醇工厂有 3 个和 5 个。美国最大的农产品流通企业嘉吉(Cargill)公司于 2006 年收购了巴西乙醇企业 Cevasa 的 60% 股份,成为第一个投资于巴西乙醇行业的美国企业。之后,阿第克公司公司 2007 年 6 月宣布将投资 10 亿美元在巴西新建乙醇工厂。由欧洲投资者基金成立的无限生物能源(Infinity BIO-Energy)于 2007 年收购了巴西的 2 个乙醇公司,开始挺进巴西。日本的三井、三菱、丸红等综合商社也积极推进与巴西国营企业的大型合作项目,比如三井与巴西国营石油公司 Petrobra 合作计划建设乙醇运输网和 40 个乙醇工厂。另外,印度的 BHL 公司和新加坡的来宝(NOBLE)集团也已分别宣布 5 亿美元和 2.5 亿美元的投资计划。[②]

在国际上推广乙醇应用,为出口打开市场。巴西与美国合作设立了美洲乙醇委员会,通过美洲开发银行、美洲机构等奖励在中美及加勒比海地区使用乙醇的行为;2007 年巴西与中国、印度、南非、美国、欧盟等共同设立了

---

① 《美国大量进口巴西乙醇》,见 FT 中文网,http://www.ftchinese.com/story/001044028,2012-05-02。

② 韩春花、李明权:《巴西发展生物质能源的历程、政策措施及展望》,载《世界农业》2010 年第 6 期。

国际乙醇论坛,就乙醇的国际市场的形成达成合作协议。

通过双边合作,强化乙醇的研究开发。2006 年,巴西与日本国际合作银行达成协议,计划引资 13 亿美元,用于乙醇生产技术的开发及工厂的设立;2007 年,与美国缔结了乙醇同盟,探索乙醇的开发及扩散的多层面的合作方案。

制定生物燃料标准,建立认证体系。巴西建立了严格的生物燃料标准以确保燃料乙醇和生物柴油在市场上的规范化使用。同时参考发达国家和国际组织对生物燃料可持续性的认识建立认证制度,保证生物燃料以可持续的方式生产并且满足减排温室气体的需要,为乙醇进入国际市场向工业化国家出售奠定了基础。

注重联产的综合利用生产方式。巴西重视培育和推广甘蔗优良品种,甘蔗平均单产为 78—85 吨/公顷,高于国际平均水平 15%—20%,甘蔗含糖率为 14%—15.5%,高于国际水平 1.5%—3%。[①] 巴西在乙醇生产过程中注重降低能耗,蔗能利用率高达 71%。乙醇生产企业多采用蔗糖—乙醇—热电联产方式,蔗汁生产蔗糖,蔗渣和蔗叶均被综合利用转化为机械能、热能和电能。因此,这些企业基本实现了能源自给。

3.巴西生产型清洁能源发展政策的成效

从 20 世纪 70 年代开始,巴西实行"国家乙醇燃料计划",大力发展生物燃料。[②] 历经 30 多年,巴西业已发展成为全球甘蔗乙醇生产和利用大国,2006 年,巴西初步实现能源的进出口平衡,在国际乙醇出口市场上举足轻重。甘蔗乙醇生产也使巴西成为外国投资者眼中的热土。目前,巴西乙醇的生产量仅次于美国,位居第二,而出口量位居世界第一,每年节省了大量外汇,取得了巨大的社会经济效益。巴西现有乙醇燃料加工厂 500 多家,生产工艺和加工装置的技术水平位于世界前列,年产乙醇可达 180 亿升。巴

① 夏芸、徐萍、江洪波、陈大明、张洁、于建荣:《巴西生物燃料政策及对我国的启示》,载《生命科学》第 19 卷第 5 期,第 482—485 页。

② 《巴西乙醇燃料发展计划 开发乙醇燃料卓有成效》,见中国经济网,http://www.ce.cn/cysc/newmain/list/ny/200809/05/t20080905_16720409.shtml,2012-05-02。

西 5 家最大蔗糖与酒精企业产值占行业总产值的 17.4%。[①]

中国 GDP 总量排名世界第二,但是人均 GDP 水平较低,石油等不可再生性能源资源的国内自给率有逐年降低的趋势。中国的经济社会特点决定了选择将技术型清洁能源产业政策、消费型清洁能源产业政策和生产型清洁能源产业政策有机组合更符合中国国情及可持续发展的需要:在技术型清洁能源产业政策的推动下,中国能够借助清洁能源产业技术的创新提高中国科技水平,优化产业结构,提高产业国际竞争能力;在消费型清洁能源产业政策的支持下,中国能够实现清洁能源技术的推广应用,从而缓解中国能源进口的压力,提高能源自给率,优化能源消费结构,并且改善中国自然环境条件;在生产型清洁能源产业政策的支持下,中国能够可以生产型清洁能源产业政策增加清洁能源产业的制造厂商,并带动相关产业的发展,为解决中国就业问题、提高人民收入水平提供更多的途径。

当前中国国内的清洁能源年产业呈几何式增长的态势。仅在个人清洁能源领域,2011 年全年行业规模以上生产企业主营业务收入已超过 1 000 亿元,同比增长 26.53%。[②] 相信在汲取了世界上其他国家清洁能源产业发展及产业政策的经验及教训后,清洁能源产业在中国将更加蓬勃地发展。同时,借清洁能源发展之势头,中国在新一轮的国际发展格局中将能占有与其大国地位相对应的地位并积极发挥其作用。

---

① 《巴西最大建筑公司投资 50 亿雷亚尔进军酒精业》,见和讯新闻网,2012-05-02,http://news.hexun.com/2007-06-28/100062050.html。

② 资料来源:2012 年中国国际清洁产业博览会,2012-05-02。

第四章　发展清洁能源融资制度国际实践

清洁能源革命不仅正在改变人们对能源的开采利用方式,同时也改变了国际政治经济格局和环境。就中国而言,清洁能源产业发展势头正旺,处于进一步壮大发展的阶段,故而需要大量的资金投入。同时,清洁能源企业的融资存在方方面面的困难,如大型企业面临融资监管不足、规范不够的问题;中小企业由于规模限制和信用风险很难从银行及证券市场筹集资金。这些问题让我们看到,随着清洁能源产业在能源体系的份额逐渐提升,过去支撑传统能源产业为主的融资制度已不再适应目前的清洁能源产业发展,从而产生了制度变迁的需求。

一、融资制度及制度变迁理论

融资制度有广义和狭义之分。广义的融资制度是指各相关主体之间在调节资金的供给、需求和以此带动的生产要素流动和配置(或金融资产交易)过程中的一系列被制定出来的规则、程序和约定的行为规范;而狭义的融资制度指资金配置方式的制度安排。[①]

从市场的角度出发,融资制度可区分为资本市场主导型融资制度和银行导向型融资制度,在世界融资制度的历史上,前者以英美为代表,后者以

---

① 沈伟基、李国民:《我国现行融资制度功能的理论及实证分析》,载《金融论坛》2004 年第10 期。

日德为代表。在资本市场主导型融资制度下,资本市场在融资体系中占主导地位,这其中又以股权融资作为首选方式。与之相对的,银行发挥的作用就相对较小了。这种企业和银行之间的融资关系被称作"保持距离型融资"。在资本市场主导型融资制度中,金融资本的定价和配置由市场决定,而非通过合约来完成。银行仅持有企业的少量股份,银行对企业外部监督的有效性非常有限。对企业的外部监控被各种市场中介组织、信息处理机构、具有不同专业领域的公司和法律机构所分担。[①] 而银行导向性融资制度则恰恰相反,银行融资成为企业的主要融资方式,银行与企业之间通过融资与持股建立联系,故又称之为"关系型融资"[②]。关系型融资作为一种制度化现象,在东亚最为普及。青木昌彦认为银行对长期租金的寻求形成了关系融资的激励机制。[③]

从企业的角度出发,按照企业融资来源,融资可分为内源融资和外源融资,分别指企业内部经营活动产生的资金和企业外部筹集的资金。其中,内源融资是企业不断将其储蓄,包括留存盈利、折旧和定额负债转化为投资的过程。相较于外源融资,内源融资不存在因融资引起的信息外露风险,也不存在所有权转移的风险,更不存在机会主义的道德风险。因此,它属于交易成本最低、风险也最低的一种融资方式。在发达国家,企业首选的融资方式即为内源融资,尤其是对于中小企业而言。除日本外,西方主要发达国家的中小企业的内源融资基本上都占其融资总额的 55% 左右,其中美英达 82% 以上。但在中国,内源融资的比例过低,只有企业融资总额的 30% 左右。[④]对于现代企业而言,自我融资能力是评价其成长能力的关键指标,企业通过内部积累与资本的内部转化,实现"资本投入—生产—流通—产出—资本扩张"的良性循环。

---

① 郑文平、苟文均:《产融结合的国际比较》,载《金融时报》1999 年 4 月 2 日。
② 根据青木昌彦的定义,关系型融资(relational financing)是一种初始融资者被预期在一系列法庭无法证实的事件状态下提供额外融资,而初始融资者预期到未来租金也愿意提供额外资金的融资方式。那些不属于关系型融资的形式就是保持距离型融资(arm's-length financing)。
③ [日]青木昌彦:《比较制度》,周黎安译,上海远东出版社 2001 年版。
④ 冯银波:《中小企业内源融资和间接融资现状分析》,载《现代企业教育》2007 年。

进一步细分,按照企业融资渠道的公开性可将外源融资划分为公开融资与非公开融资。这一分类取决于资金是在公开的、竞争性的金融市场上筹集,还是通过非公开的、有限竞争的渠道筹集。与公开融资相比,一切在有限范围内向特定投资者出售债务或股权的外部融资行为,都是非公开融资。比如银行贷款就是企业与一家银行(特定资金提供者)之间非公开交易的融资行为。[①]

(一)相关理论

具体而言,以企业作为研究主体的融资理论是在 MM 理论的基础上不断延伸和拓展的。

1.MM 理论

美国经济学家莫迪格安尼和米勒于 1958 年发表的《资本成本、公司财务与投资理论》一文中提出了最初的 MM 理论,该理论认为,公司价值取决于投资组合,而与资本结构和股息政策无关。在完善的市场中,即在没有企业和个人所得税、没有企业破产风险、资本市场充分有效运作等假定条件下,企业资本结构与企业的市场价值无关。但由于 MM 理论的假设前提与现实有较大程度的不符,在实际操作中并不可取,仅具有较强的理论意义。

2.权衡理论

在 MM 理论提出之后,诸多学者在此模型的基础上做出了修正,提出了完善后的新理论,代表之一即为权衡理论。权衡理论通过放宽 MM 理论完全信息以外的各种假定,考虑在税收、破产成本、代理成本分别或共同存在的条件下,资本结构如何影响企业市场价值。权衡理论认为,负债企业的价值等于无负债企业价值加上税赋节约,减去与其破产成本的现值和代理成本的现值。公式表示为:

$$V(a) = Vu + TD(a) - C(a)$$

其中,V 表示有负债的企业价值,Vu 表示无负债的企业价值,TD 表示

---

① 纪敏:《中小企业融资的经济分析:非公开融资的作用》,载《证券市场导报》2004 年第 11 期。

负债企业的税收利益,C 是破产成本。a 是负债企业的负债权益比。而最优资本结构存在税赋成本节约与破产成本和代理成本相互平衡的点上。

3. 优序融资理论

梅耶斯和麦吉勒夫[①]在信息不对称的前提下考量融资引致的企业成本。他们认为,由于企业的所有权和经营权分离,较之于市场上的投资者而言,管理者了解更多企业内部的信息。在这种机制下,投资者通常认为发行新股是企业运营不善的表现,因而会压低股票价值,即股票融资并非是一种优先的融资方式。按照这个理论,企业融资的顺序依次为:内部融资、债务融资、股票融资。

(二)研究现状

目前,国内外学者关于清洁能源产业融资制度的研究还十分罕见,与本课题相关的研究主要集中在融资制度的研究和能源融资的研究。这些相关研究为本书的写作提供了宝贵的分析思路和借鉴意义。

1. 关于融资制度的相关研究

较之大型企业而言,中小企业在融资过程中存在着自身的劣势,如规模限制、信息不透明、信贷风险等。所以,很多学者以中小企业作为研究对象,目的在于不断完善面对中小企业的融资制度安排。马骥、王心如[②]在《中小企业融资制度的最优安排——基于新融资优序理论的思考》一文中以新融资优序理论为基点,结合中国正式金融制度安排难以满足中小企业融资需求的实情,探讨信息不对称背景下非正式金融在中国中小企业融资结构中的特殊地位。他们认为完善非正式金融制度安排,合理规范非正式金融行为,是解决中国中小企业融资难问题的关键所在。其中,新优序融资理论是国外的 2 名学者梅耶斯和麦吉勒夫在考察信息不对称对企业融资成本的影

① Stewart C Myers & Nicholas S Majluf:Corporate Financing and Investment Decisions When Firms Have Information That Investors Do Not Have,*Journal of Financial Economics*,1984(13):pp.187-221.

② 马骥、王心如:《中小企业融资制度的最优安排——基于新融资优序理论的思考》,载《当代经济研究》2007 年第 4 期。

响时提出的融资理论,进一步强调信息对企业融资结构和融资次序的影响。该理论认为,企业偏好的融资顺序应为:先考虑内部融资,后考虑外部融资;不得不进行外部融资时,则应首先选择债务融资。纪敏[①]认为,信息不透明是影响中小企业融资效率的一个最根本的因素,并决定了其融资方式的非公开性。大多数学者将中小企业难以公开上市融资归结于其过小的融资规模与资本市场过高的融资费用之间的冲突,他认为问题的实质在于企业信息透明度的不足。

在前面融资制度的分类中提到,从市场的角度出发,融资制度可区分为资本市场主导型融资制度和银行导向型融资制度。针对这两种融资制度各自的优劣以及适应的条件,一些学者也提出自己的看法。张宗新[②]在《融资制度:一个国际比较的分析框架》中通过对资本市场主导型和银行导向型融资制度的形成机制及经济绩效进行比较分析,指出不同制度的适用性与宏观经济及资本市场的发展程度、政府的介入程度、特定的制度环境等息息相关,并预测随着金融国际化与金融自由化的演进融资制度的相互融合将成为趋势。在青木昌彦提出"关系型融资"的概念之后,王跃生[③]以东亚经济为对象,讨论金融压抑和金融自由化条件下企业融资制度的特点及其变化。他指出:作为制度化现象出现的关系型融资并非市场交易的结果,而是政府主导型融资或银行导向型融资制度以更为市场化和更为一般的形式的延续。而且关系型融资制度会加剧金融自由化后的融资道德风险,所以约束性金融政策是必要的。

针对中国现行融资制度,学者们通过不同角度的审视,发现其存在的缺陷,并提供相应的改善意见。沈伟基、李国民[④]从融资制度功能的角度出发认为,内生于经济增长的融资制度应具备筹资功能、降低交易成本功能、价

---

①　纪敏:《中小企业融资的经济分析:非公开融资的作用》,载《证券市场导报》2004年第11期。

②　张宗新:《融资制度:一个国际比较的分析框架》,载《世界经济》2001年第9期。

③　王跃生:《金融压抑与金融自由化条件下的企业融资制度》,载《经济社会体制比较》1999年第1期。

④　沈伟基、李国民:《我国现行融资制度功能的理论及实证分析》,载《金融论坛》2004年第10期。

格发现功能、流动性功能和风险转移功能五方面的功能。他们从这五个方面对中国现行融资制度功能进行了实证分析,发现中国融资制度的缺陷在于:资本转化率低,金融市场发挥的作用有限,资本运用的效率不足,市场的价格发现能力较弱,存在较高的交易成本等。吕博、刘社芳[1]则采用国际比较的方法,通过对美、日、韩三国中小企业融资制度进行比较研究,分析其异同,借鉴其成功经验,指出中国应该在完善相关法律及建立中小企业信用担保体系方面做出努力。

关于融资制度的相关研究,对于本书清洁能源产业融资制度分析的开展有基础性的作用。尤其是中小企业融资制度的研究对于清洁能源产业中小企业群体的融资难题提供了微观分析思路。而融资制度的性质、功能等问题的探讨则为本书的研究提供了宏观分析思路。但由于这些研究都并非基于某个特定产业层面,所以研究面较广,对产业特征方面造成的差异考虑较少。本书可对其细化处理,具体应用到实体经济的某个领域,更具针对性。

2. 关于能源融资的相关研究

对清洁能源产业融资的研究集中在融资渠道的创新方面。不同学者侧重的重点有所差异。

(1)第一类学者较为提倡项目融资的方式。Joy Dunkerley[2]认为,传统的融资方式已不能满足发展中国家能源产业日益增长的资金需求,项目融资是金融支持能源产业的重要路径。对于发展中国家而言,来自国际石油公司的资金在传统能源产业的发展中扮演着重要角色。但是急速增长的资金需求也要求其外部融资不断增长,发展中国家能源产业必须引入"私人投资者"。Gerald Pollio[3]分析了能源项目融资过程中项目承办者、商业银行、东道国政府三方的利益关系权衡,指出项目承办者、商业银行、东道国政府

---

① 吕博、刘社芳:《中小企业融资制度及启示》,载《国际贸易问题》2004 年第 4 期。

② Joy Dunkerley:Financing the Energy Sector in Developing Countries:Contextand Overview,*Energy Policy*,1995:pp. 929-939.

③ Gerald Pollio:Project finance and international energy,*Energy Policy*,1998(9):pp. 687-697.

均存在项目融资风险,并进行相关防范措施的建议。蒋先玲、王琰、吕东锴[①]在《清洁能源产业发展中的金融支持路径分析》中,分析了传统融资方式对于清洁能源产业的不适用性:上市门槛高限制了清洁能源企业的股权融资,技术障碍和退出障碍使风险资本的投入有限,商业银行对清洁能源产业采取谨慎或限制的授信政策;并进一步指出,项目融资作为一种新兴的融资方式,扩大了清洁能源项目的融资渠道,而且提高了清洁能源产业的经济效率。

(2)第二类学者指出建立区域性金融机构是创新的重点。郝冬莉[②]指出,银行贷款是煤炭工业的主要融资途径。但信贷资金的特点及商业银行资产负债管理的要求决定了贷款难以满足煤炭工业对资金的需求;而开发性金融实现政府发展目标、弥补制度落后和市场失灵的特点正好能够弥补商业性金融的不足,因此建立区域开发性金融是必要的。付俊文、范从来[③]从产业政策、金融服务及风险防范三个方向进行全面研究,其文《构建能源产业金融支持体系的战略思考》在融资方面的创新是提出了建立区域开发型金融机构、引入能源投资信托金融产品及实施能源资产证券化的举措。

(3)第三类学者关注其他新型融资渠道,如风险投资、清洁能源基金和能源服务公司等。李彬[④]在《我国清洁能源融资分析》中,分析了当前中国清洁能源产业融资的现状,指出目前国内能源工业的融资过度依赖于银行,且信贷出现较高的行业和企业集中度。而清洁能源融资方面,存在以下特点:银行融资困难,民间风险资本活跃,风险投资不活跃,政府支持较为成功。他提出清洁能源融资可重点发展风险投资和建立清洁能源基金。A. Derrick[⑤]认为融资制度是制约清洁能源发展的至关重要的一个因素,并以太阳能行业为例,构建适合该行业发展的融资制度体系,提出该融资体系应考虑

① 蒋先玲、王琰、吕东锴:《清洁能源产业发展中的金融支持路径分析》,载《经济纵横》2010年第8期。
② 郝冬莉:《区域开发性金融机构与煤炭工业可持续发展》,载《河北金融》2006年第11期。
③ 付俊文、范从来:《构建能源产业金融支持体系的战略思考》,载《软科学》2007年第21卷第2期。
④ 李彬:《我国清洁能源融资分析》,载《理论界》2010年第1期。
⑤ A. Derrick,Financing for renewable energy,*Renewable Energy*,1998(15):pp. 211-214.

清洁能源的加工商与最终使用者的需求,形成整个供应销售链的整合融资,实质是类似于能源服务公司(Energy Service Companies,ESCO,即节能服务公司,又称"能源管理公司")的理念,以更好地促进清洁能源的广泛利用。Huang Liming[1]以中国和印度的农村为例,分析了这些地区对清洁能源的金融支持状况,旨在研究发展中国家落后地区的融资方式,提出了一些适用于农村清洁能源发展的融资渠道,如获得低利率长期贷款、成立专业性的清洁能源服务公司、合资等。

（4）另外一些学者的研究主要是在能源金融的大框架下探讨能源产业与金融产业之间的互动关联,而融资支持是其中很重要的一块内容。Ryan H. Wiser、Steven J. Pickle[2]分析得出,能源政策与融资成本之间存在一定的关联机制。如果能源政策不是长期稳定的,或者忽略投资决策的影响,将会进一步增加融资成本,甚至严重降低融资效益。相反,有效的清洁能源政策会减少融资风险成本。何凌云、刘传哲[3]在《能源金融:研究进展及分析框架》中,从能源金融的广义角度出发,研究能源产业与金融产业的关联机理、能源融资、能源金融风险控制及能源金融政策等。具体在能源融资方面,他们认为:①体现能源产业的主动性,包括能源企业上市、能源企业发行债券、吸引海外投资三个方面;②体现金融产业的间接主动性,指通过政策引导金融支持能源产业,包括引导创投资本、开放民企投资能源、建立政策性的能源金融机构等。蒋松云、曾铮[4]将能源效率(EE)和清洁能源(RE)联系起来作为研究对象,通过借鉴国际先进经验指出,制度安排上可以通过加大对研发资金的投入,加大对消费者的信贷支持和通过一些有效的财务激励手段来增加对能源效率和清洁能源领域的金融支持,同时通过金融方式鼓励资

① Huang Liming,Financing rural renewable energy：A comparison between China and India,*Renewable and Sustainable Energy Reviews*,2008(3)：pp. 21-28.

② Ryan H. Wiser& Steven J. Pickle. ：Financing investments in renewable energy：the impacts of policy design,*Renewable and Sustainable Energy Reviews*,1998(2)：pp. 361-386.

③ 何凌云、刘传哲：《能源金融:研究进展及分析框架》,载《广东金融学院学报》2009年第24卷第5期。

④ 蒋松云、曾铮：《能源效率和清洁能源的发展及其金融支持的国际经验》,载《经济社会体制比较》2008年第1期。

金投入，如印度尼西亚共和国（简称"印尼"）政府采用了 BOT（Build-Operate-Transfer）方式开发当地风电厂。另外，通过清洁发展机制、联合履行机制和排放贸易等制度，也能促进资金在能源利用领域更为有效的配置，如欧盟积极履行《京都议定书》，并建立欧盟温室气体排放贸易机制（EUETS），规定实体可从清洁发展机制（CDM）和联合履行机制（JI）上获得配额。

二、清洁能源融资的现状、特点与要求

根据国际能源机构在 2008 年世界能源展望中提出的参考情景即碳排放 550ppm 和 450ppm 情景，[1]2008—2030 年为了达到排放量的限制标准，需要投入数万亿美元的金额用于清洁能源的开发和能源效率的提高。一些机构也做了相应的估算（见图 4-1），表明全球范围内清洁能源产业的资金需求是十分巨大的。

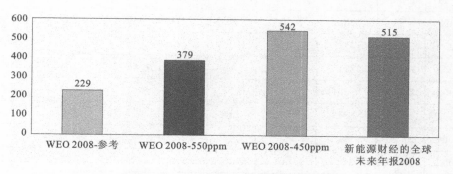

图 4-1　清洁能源年度投资的估计金额（2008—2030 年）[2]（单位：10 亿美元）

资料来源：清洁能源财经

在清洁能源产业迅速发展的大势之下，各种形式的清洁能源发展却表现不一。1995—2009 年这 15 年间，风能和乙醇燃料的消费保持快速稳健的增长，随后的是地热能，呈现平稳小幅前进，太阳能在 2006 年之后开始表现

---

① 参考情景即相当于目前状况，没有支持清洁能源的新政策情况下的预测，2005 年是大部分预测的基准年，能源所产生的二氧化碳排放量为 27 000 百万吨（Mt）。在此基准的预测下，到 2030 国际能源署的基准参考情景预测的排放量为 40 000Mt。450ppm 的情景下 2030 年的二氧化碳排放量只有 25 700Mt。

② 数据来源：《2008 年世界能源展望》，国际能源机构。

出较快上升的势头,而水电、木材和废物的消费相比 1995 年反而减少了。根据数据显示,2004—2008 年,全球的风力发电由 4 700 万 kW 增加到 1.2 亿 kW,太阳能光伏发电由原来的不足 400 万 kW 猛增到 1 900 万 kW,生物液体燃料也由原来的不足 2 000 万吨增加到 5 000 多万吨。[①] 因此,不同形式的清洁能源所需的投资需求也就呈现出不同的特点,形成了一种混合型的清洁能源融资制度结构。

表 4-1　1995—2009 年全球清洁能源分类消费情况　　(单位:10 亿 Btu)

年度	水电	地热能	太阳能	风能	生物质能			
					木材	废物	乙醇燃料	小计
1995	3 205	294	70	33	2 370	531	200	3 101
1996	3 590	316	71	33	2 437	577	143	3 157
1997	3 640	325	70	34	2 371	551	184	3 105
1998	3 297	328	70	31	2 184	542	201	2 928
1999	3 268	331	69	46	2 214	540	209	2 963
2000	2 811	317	66	57	2 262	511	236	3 008
2001	2 242	311	65	70	2 006	364	253	2 622
2002	2 689	328	64	105	1 995	402	303	2 701
2003	2 825	331	64	115	2 002	401	404	2 807
2004	2 690	341	65	142	2 121	389	500	3 010
2005	2 703	343	66	178	2 136	403	577	3 117
2006	2 869	343	72	264	2 109	397	771	3 277
2007	2 446	349	81	341	2 098	413	991	3 503
2008	2 511	360	97	546	2 044	436	1 372	3 852
2009	2 682	373	109	697	1 891	447	1 545	3 883

资料来源:《EIA 年度能源报告 2009》

(一)清洁能源产业的投资规模日益壮大

在市场需求和政策引导的双向作用下,众多投资者都被清洁能源领域

---

① 李俊峰:《清洁能源革命与金融危机》,载《中国金融》2009 年第 16 期。

的发展潜力所吸引,清洁能源的各个市场开始受到越来越多的资金青睐。国际咨询机构安永年度报告中指出,自 2004 年以来,清洁能源投资一直保持较高速的增长。2009 年金融危机影响,该年度投资增速有所下降,仅有 4％。2010 年全球对清洁能源领域的投资增长 30％,达到创记录的 2 430 亿美元。说明尽管国际金融危机对该领域吸引投资的影响犹存,但各国仍非常注重发展清洁能源,其中风能和太阳能领域为清洁能源中的投资重点。全球国家中,中国、美国对该领域的投资继续领先。

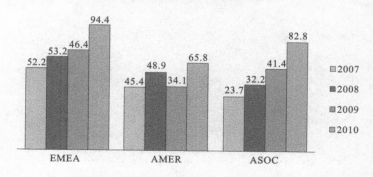

图 4-2　全球清洁能源投资地区数据(2004—2010 年)(单位:10 亿美元)

注:其中,"ASOC"代表亚洲大洋洲地区;"EMEA"代表欧洲、中东、非洲地区;"AMER"代表美洲地区。

资料来源:中国清洁能源学会

(二)清洁能源发展融资手段日益完善

清洁能源的融资体系也趋于完善,从非常早期原始的对新兴技术的投资,一直到大型、声誉卓著的公司在公开市场上筹集资金。全球诸多跨国公司在推动清洁能源的市场增长中起到了重要作用,如英国石油(BP)、通用电器、夏普和丰田汽车等在太阳能、风能、乙醇—电力混合动力汽车等领域均有大量投资活动。[①] 此外,诸多国际金融机构也纷纷将目光集中到了清洁能源领域,同时越来越多的私人资本开始流入,清洁能源市场成为各种形式投资的聚宝盆。据清洁能源财经的数据统计,2004 年投资于清洁能源产业的股票型封闭式基金只有 10 家,由 Triodos、可持续资产管理公司和 Impax 这类专业性资产公司经营。到 2007 年底,可供非专业投资者选择的基金超

---

① 陈晖:《世界清洁能源与节能产业发展概况》,载《上海电力》2007 年第 5 期。

过了 30 个,其中一些由知名机构管理,如德意志银行、荷兰银行、汇丰银行和巴克莱银行。到 2008 年 10 月,这些基金所管理的资产规模已超过 420 亿美元(见图 4-3)。①

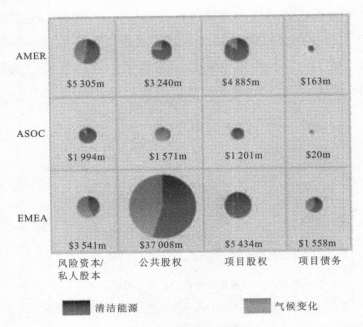

风险资本/私人股本　　公共股权　　项目股权　　项目债务

■ 清洁能源　　　　■ 气候变化

图 4-3　按地区划分的清洁能源和气候变化基金(2008 年)(单位:百万美元)
注:数据截至 2008 年 10 月;数据是指总资产管理规模。其中"ASOC"代表亚洲大洋洲地区;
"EMEA"代表欧洲、中东、非洲地区;"AMER"代表美洲地区。
资料来源:清洁能源财经

清洁能源产业的高回报率是它之所以能吸引众多投资机构和个人的根本原因,但相应的也具有高风险性。通过 2003—2011 年清洁能源全球创新指数(NEX)②与纳斯达克、标准普尔 500 指数和美国证券交易所石油的波动比较,可以发现清洁能源股票波动性一直高于其他行业的股票,但其回报率一直较高,经风险调整后依然有较大的预期收益率。清洁能源全球创新指数的表现良好也得益于近些年来清洁能源产业的快速发展。

---

① 数据来源:《全球清洁能源报告》,世界经济论坛。
② WilderHill 清洁能源全球创新指数(交易代码 NEX)跟踪大约 90 家领先的清洁能源公司的业绩,这些公司跨越不同的行业、地域和业务模式。

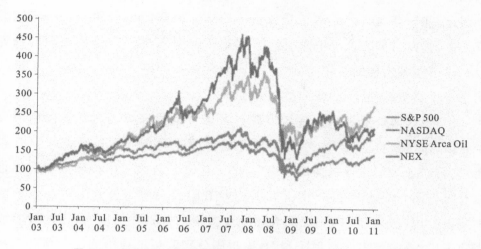

图 4-4　清洁能源全球创新指数与主要波动比较（2003—2011 年）

资料来源：中国清洁能源学会

（三）发展清洁能源的融资要求

下文欲通过对传统能源与清洁能源产业的行业和企业特点做出对比，指出支持传统能源发展的融资制度体系已不适应于清洁能源产业的发展，清洁能源产业融资有新的要求。

笼统地说，国内传统能源工业融资主要依赖于银行贷款和政府支持，近些年来股权、债券融资开始占有一定比例，但信贷资金仍然处于主导地位，反映出资本市场的融资功能没有得到充分发挥。从融资渠道的角度，体现出以下特点：

（1）能源企业由于资源、资金丰富，内部经营活动产生的资金流动较大，因而将其储蓄，包括留存盈利、折旧和定额负债转化为投资的能力也较强，即进行内源融资的条件充分，所以企业自身有一定能力解决融资的问题。

（2）由于传统能源行业的垄断性特征，传统能源企业大多具有垄断优势，更容易获得信贷资金，在政府支持方面也有更大优惠。

（3）传统能源企业大都为大型国有企业，企业规模大，盈利能力较强，因此可以通过发行企业债券的方式进行短期融资。南方电网、国电集团、华电集团、中国电力投资集团公司、华能集团、国家电网都相继发行了企业债券，融资规模达上百亿元人民币。据中国人民银行研究局金融市场处处长纪敏介绍,企业短期融资的成本比贷款更为低廉。以华能一期的一次一年期融资为例,其发行额为人民币 45 亿元,收益率则为 2.92%。给承销商的钱为 5‰,信用评级机构的开销在 30 万—50 万元。总的融资成本也就在 3.1%,相比一年期贷款利率 5.58% 大大降低。

(4)吸收海外资金成为传统能源行业融资的另一有力武器。国内能源企业以"市场换资金"与国外大型投资机构或能源企业进行合作。2005 年初,来自新加坡的投资机构淡马锡以 2.28 亿港元收购了中电国际新能源控股有限公司 3% 股权,并与中国燃气控股有限公司签署合作协议。巴西淡水河谷公司(CVRD)、美国亚美大陆煤炭公司已分别在河南省、山西省参股当地煤矿,美国英美能源集团和 JP 摩根则分别购买了神华能源公司和兖州矿业集团的 H 股股份。世界头号煤炭企业博地能源也到中国市场开展业务。①

从行业上来细分,不同能源行业由于能源产品、产业链、能源安全程度及战略意义的不同,其融资模式也呈现出不同特点:煤炭行业基本形成了银行、外资和社会多元主体的混合型融资结构模式。然而,碍于中小企业的规模和风险,仍然难以获得银行贷款,贷款投向集中于大中型企业,民间资本正在成为中小煤矿融资的主要渠道;油气企业融资面向的不再是过去单一的政府和银行,而是充满竞争的有多种多样资金资源集合的市场。但目前油气行业融资仍然以间接融资为主,银行贷款和自筹资金仍是融资的主要来源,债权和股票融资逐渐占据一定份额。中国油气企业相比国际油气企业,资产负债率偏低;电力企业开始更多地采用市场化的方式进行多元化融资,电源投资主体多元化已经初步形成,但与油气行业相似,在资金来源结构中银行贷款和自筹资金仍是主要融资方式。目前,直接融资开始成为电力工业重要的融资方式,不少电力企业纷纷在国内、国外资本市场上发行债券和股票。资金来源已经多元化,资金来源结构中主要为国内贷款和自筹资金,但在电力供应业国家预算也占有一定的份额。

---

① 布尔古德:《向资本微笑 能源融资七条路》,载《中国投资》2005 年第 12 期。

对比传统能源产业，新能源产业的融资具有新的要求：

（1）目前，新能源发展有巨大资金需求。根据美国能源基金会和国家发改委联合预测，2005—2020 年，中国需要能源投资 18 万亿元，其中新能源、节能、环保需 7 万亿元。

（2）与人类开发利用传统能源的悠久历史不同，新能源的开发利用仍然处于研究与开拓阶段，某些能源开发技术并不纯熟，因而具有一定的风险。对于商业银行这种低风险的投资者而言，对此类新能源项目的开发仍持谨慎态度。

（3）在中国新能源市场中民营中小企业很活跃，尤其是在风电和太阳能光伏行业。但中小企业的规模有限，资源资金不足，且具有信息不透明的特点，基于中国现有的信贷和上市制度，它们难以通过银行信贷和发行股票的融资方式满足其资金需求。

三、清洁能源产业融资制度的变迁动力和路径选择

在结束了对融资制度变迁的必要性研究之后，下一阶段是审视变迁的可行性。在研究融资制度变迁的可行性时，我们需要确定变迁产生的条件，即动力，什么能促成变迁的开始；继而是变迁的路径，怎样的一个过程能保证变迁的成功。

（一）制度变迁理论

由制度内涵的梳理过程中我们可以发现，制度的不断演进是其非常重要的一个特征。当组织、环境发生了改变，维系其正常运作的"规则"或者说是不同组之间博弈所产生的均衡结果也将随之产生变化，以维持系统的稳定。所谓"制度变迁"，可以简单定义为制度的替代、转换与交易过程。

1. 制度变迁的动力机制理论

对于导致制度变迁的原因，不同学派的学者有自己的看法，我们将其归于三类：技术因素、交易成本与效率以及自发过程。

（1）技术因素。在马克思[①]看来，制度可比作"生产关系"，而技术则比作"生产力"。因而，根据其"生产力决定生产关系，生产关系反作用于生产力"的经典表述，他指出从静态的角度来说，制度变迁的动力来源于技术变迁；不过动态考量之下二者显然具有互为因果的关系，是一个不断互相推进的过程。在马克思看来，技术变迁应当是长期内解释经济发展的首要因素。这一看法，与其唯物主义哲学思想密切相关。

老制度学派的代表人物凡勃伦[②]也认为技术因素是制度变迁的原因。他的分析深受达尔文进化论的影响，认为社会制度同样经历着进化、选择和淘汰。同样，他也因此认定人类社会只有渐变而不存在突变。凡勃伦在分析制度和制度变迁时应用的是一种"累积因果论"，即制度演进的每一步由以往的制度状况所决定。至于变迁的机制，凡勃伦强调技术进步导致环境变化，环境压力产生变革现有制度的动力。在这里，个人的理性选择并不是制度变迁的根本原因，是环境压力导致集体行动。另一学者阿里斯也认同凡勃伦的技术决定论，阿里斯一方面接受凡勃伦的制度/技术二分法，另一方面又将凡勃伦的技术概念延伸至所有有实际效果的知识，于是制度变迁就成为带来制度变化的知识进步或技术连续统一体的进步问题。他认为技术是一种有益的、主要的推动社会变化的力量。

（2）交易成本与效率。米契尔认为，作为制度的重要组成部分，意识形态的变化与货币化过程密切相连。他强调替代实物和劳动支付的货币交换的增长所带来的交易费用的降低和效率收益。在发展的过程中，实物不断被货币所取代，交易费用降低而交换效率得到提高。然而，生活习惯是与当时的货币化水平相关，并且改变缓慢。在长期的货币化过程中，最终制度发生变化，金钱化的市场关系不断取代原有的交易制度。

杨小凯[③]强调亚当·斯密的分工思想，利用超边际分析技术，杨小凯及其追随者希望在个人主义方法论上发展出代替马歇尔体系的微观经济学基

---

① ［德］马克思、恩格斯：《马克思恩格斯选集》(1—4卷)，人民出版社1995年版。

② ［美］凡勃伦：《有闲阶级论》，蔡受百译，商务印书馆1999年版。

③ 杨小凯：《新古典经济学与超边际分析》，社会科学文献出版社2003年版。

础,形成了新兴古典经济学,并据此进行制度分析。从中间品、迂回生产程度等概念出发,新兴古典经济学家认为企业的存在取决于交易效率,而企业内部的制度安排则与分工程度相关,而非单纯的交易成本。

(3)自发过程。康芒斯[①]不满足于凡勃伦等人将制度的来源归结于生活习惯这样的解释,也不希望利用本能、生物学的观点来加以解释,而追究到更为根本的经济动机。康芒斯进而认为制度变迁也是制度下的个体不满足于当前制度的分配结果而产生的自发行为。这种不满,可能来源于外生的经济冲击,也可能来源于内部利益集团的偏好变化。

诺思在新古典成本—收益分析范式基础上指出制度变迁的原因是相对价格的变动。当相对价格发生了变化,企业家就会认为在某些边际上改变现存的制度框架会使他们的境况更好。同时他强调行动者常常根据不完全信息行事导致无效的路径。这个观点与康芒斯的自发调整论调有相近之处。

哈耶克[②]认为,社会中行动的个体不可能全然了解自己,也不可能充分吸收所有信息,所以基于完全理性而进行的制度构建是一件不可能完成的事情。相反,真正的社会制度不管是产生还是变迁都是自发的结果。

2.制度变迁的路径理论

从制度变迁的路径来看,制度变迁大致可分为渐进式与突变式制度变迁两种情况。渐进式制度变迁,通常来说属于诱致性制度变迁,主要是对原有制度的不断修改与完善,在长期的不断演化过程中实现新制度对旧制度的更替。而突变式制度变迁,具有激进的性质,其原因多数来源于强制力量,属于强制性制度变迁,新旧制度之间的跨越较大,制度的延续性相对来说没有渐进式那么明显。

在制度变迁的路径特征方面,诺思提出了著名的"路径依赖"。诺思认为,"路径依赖"类似于物理学中的惯性,事物一旦进入某一路径,就可能对这种路径产生依赖。这是因为,经济生活与物理世界一样,存在着报酬递增

①　[美]康芒斯:《制度经济学》,商务印书馆1996年版。

②　[英]哈耶克:《自由秩序原理》,商务印书馆1997年版。

和自我强化的机制。制度一旦建立就会开始产生报酬递增。在交易成本约束下,一段时间之内只有此前的制度会胜出,而更有效率的其他制度不能够成为变迁的结果。而对组织来说,一种制度形成以后,会形成某种既得利益的压力集团。他们对现存路径有着强烈的要求,他们力求巩固现有制度,阻碍选择新的路径,哪怕新的体制更有效率。这就是所谓的"锁定"或"路径依赖",比如古埃及的奴隶制度和中国的古代封建制度,就是这样的典型。报酬递增将产生四种自我强化机制,使得制度变化呈现惰性:规模经济、学习效应、协作效应以及适应性预期。打破路径依赖,需要内部利益集团识别到足够的获利机会,并在意识形态的帮助之下克服个人收益与社会收益的不相等。

(二)清洁能源产业融资制度的变迁实践

理论研究为我们提供了一个分析的思路,但只有将理论运用到实践的剖析中才能实现其意义。下文依据产业的发展现状和融资环境的特点展开分析,并有效结合上述理论。

1.清洁能源产业融资制度变迁的动力分析

根据以上关于制度变迁的动力机制理论,结合清洁能源产业自身的特点、对于融资的要求以及中国目前融资的大环境,分析促进融资制度变迁的动力来源如下:

(1)中国宏观经济近年来热度不减,且逐渐进入稳态。一方面,吸引了大规模的外商投资,基于中国清洁能源市场广阔的发展前景,境外的私募基金、投资银行和一些能源投资机构也参与到中国清洁能源市场的建设和开发中,尤其是国际知名风险投资机构也纷纷将橄榄枝抛向中国清洁能源企业,风险投资成为适合中国清洁能源产业融资需求的新型融资工具。另一方面,民间投资也开始活跃。很多专家都指出中国民间蕴藏着巨大资本潜力。随着中国经济政策的放松,很多曾经被管制的行业领域如今都对民营经济公开。如,2005 年 2 月,北京公布"非公经济 36 条",明令石油、电力等垄断行业将向非公经济放开。特别是在清洁能源产业,民间投资占据了不可忽略的地位。这对拓宽融资渠道而言是一个利好条件,当然也需要配合政策法律的完善和市场体系的建设。

风险投资和民间投资的逐步兴起都是对于融资成本和效率的大大改善,回顾在制度变迁动力机制中米契尔的交易成本与效率理论,正是由于新的融资制度工具的应用对于成本和效率有了一定的改进,才会引致融资制度发生变迁,从融资渠道的变化进而延伸至整个制度内容,包括组织体系、运行机制、政策环境等的配套完善和变迁。

(2)近2年中国信贷扩张严重,流动性过剩,宏观调控力度加强。所以清洁能源产业银行信贷方面的难度将加大,多元化的融资渠道成为趋势,且资本市场筹资将发挥更大作用。

由于信贷惯性的作用,2010年1—11月共新增贷款7.44万亿元,较2009年同期少增1.75万亿元,2010年新增人民币贷款将接近8万亿元,超计划投放6.7%,从而致使这2年信贷投放达到17.6万亿。虽然货币供应量有所回落,但与常态化状态相比,依然偏高,尤其是与发达国家相比。2011年宏观调控的基调是实行积极的财政政策和适度宽松的货币政策,与2010年提出的宽松货币政策形成对比,显示出宏观调控信贷的决心。货币供应量依然保持高位,对贷款规模的控制力度大于2009年,全年预定的贷款目标为7.5万亿元。为了抑制通胀、管控流动性,我国先后6次调整存款准备金率,2次加息。从这些举措可以看出,信贷收紧将造成清洁能源产业银行融资难度的加大,只有从以资本市场为主的其他渠道寻求资金来源才是解决之道。

此处,政策环境的变化产生了融资制度变迁的动力来源,与前文中凡勃伦的观点相契合。他强调环境压力产生变革现有制度的动力,个人的理性选择并不是制度变迁的根本原因,是环境压力导致集体行动。其实,这属于强制性力量引发的制度变迁,尤其是政府主导的强制性政策力量。

(3)清洁能源产业中小企业群体渐渐壮大,过去对中小企业较为不利的融资制度开始显露出弊端。随着中小企业在清洁能源产业的地位上升,他们的话语权也得到了重视。当前的融资制度对于中小企业而言存在一些不太公平的方面,容易阻碍光大清洁能源中小企业的发展。这正是当前制度下的个体不满足于当前制度的分配结果而产生的自发行为。由于内部利益集团的地位发生变化,导致了这种不满的产生,进而产生了变革的需求。这点恰恰符合康芒斯对于制度变迁的动力解释。

2.清洁能源产业融资制度变迁的路径选择

一般来说,强制性路径变迁都是政府主导的结果,且具有激进革命的特征,这多适用于政治体制的改革,如欧洲现代化进程中的政体革命。相应地,诱致性的制度变迁表现形式更为柔和,是一个渐进式的过程,在这个过程中,旧制度不断改进与完善,并没有发生新旧制度之间强烈的碰撞和突变式的更替。它是在外在的竞争压力和内在的发展要求下,由微观主体产生新的制度需求,然后自下而上产生对新制度的需求或认可,影响决策者安排更好的制度。在中国清洁能源产业融资制度变迁的实践中,由以上的动力分析表明,变迁源于融资环境不断改善带来的效率改进,政策约束带来的外部压力和中小企业利益集团地位变化带来的自发需求。即外界环境的改善和某些方面的限制使得利益集团内部的微观主体产生变革的需求,呼吁制度变迁的实施。在动力层面上分析,该过程更适用于诱致性的制度变迁。在中国经济社会中,清洁能源产业融资制度变迁沿用诱致性变迁的路径是必然的也是必要的。

一方面,中国当下实行的是市场经济主导权逐渐加大的经济制度,微观主体不仅是市场经济的参与者也是其发展方向的主要决定者。诱致性制度变迁可以看作是市场主导型的制度变迁路径,因为它是在一定条件的刺激下,由微观主体自身产生需求,即市场需求,然后影响至决策层,从而顺应市场需求进行制度变迁。

另一方面,渐进式的制度变迁更适用于中国清洁能源产业目前的发展阶段。中国清洁能源产业尚处于初步发展期,产业基础相对薄弱,各方面配套的制度建设还在不断完善。突变式的变迁路径成本过高,而且容易影响相关联的其他制度建设。而渐进式的变迁可以伴随产业的同步成长,适时地满足产业发展的需求调整变迁的方向。

在路径依赖理论的解释下,在融资制度的变迁实践中,为了维护旧制度带来的利益,很自然会发生既得利益集团阻碍制度变迁的要求和行为。比如,国有企业担心中小企业抢夺清洁能源市场,在放低上市门槛、对中小企业实行信贷支持这些变革方面会存在异议,从而影响融资制度变迁的效率和完整性。这便需要利益集团内部的平衡以及政府的干涉力量。

四、清洁能源产业融资制度的变迁方向

以上的分析表明,为了更好地适应清洁能源产业融资要求和进一步完善现行融资制度,融资制度的变迁是必要的,而动力和路径选择的研究则证明了融资制度变迁的可行性。

(一)融资制度组织模式和运行模式

国际能源机构通过研究不同地区的能源投资需求和国内银行信贷的关系发现:中国和经合组织地区国内信用水平最高。在中国,与 GDP 相关的银行部门的比例大于经合组织国家,且银行活动也更为活跃。[①] 因此,可以认为目前中国的银行系统在信用水平、经济作用和灵活度方面都是比较领先的。这也为其融资制度的革新提供了有利条件。①银行体系提供的融资在受众上应更广,机制上应趋于更加灵活,这就要求中小银行在银行体系中的数量和地位得到提升。在上文中提到的大型商业银行出于放贷的规模效应和对清洁能源行业的风险考虑,在授信规模和利率方面都有所限制,而且严重倾斜于大型企业。所以,银行体系的层次化是关键。大力发展中小金融机构,为民营企业及中小企业提供金融支持;逐步建立起大型股份制银行为主体、中小银行相协调的、适合不同规模企业需求的多层次银行体系。②建立清洁能源产业开放性金融平台。可由区域内各种性质的金融机构联合组建,在清洁能源产业密集区设立分支机构,通过发行清洁能源金融债券等方式筹集资金,在政府组织协调下为该区域的清洁能源产业提供融资服务。

不断完善的资本市场是对清洁能源产业融资环境的重要改进。①稳步发展创业板市场,尤其在制度建设方面,鼓励清洁能源中小企业到股票市场

---

① 马晓微:《我国未来能源融资环境展望与融资模式设计》,载《资本市场》2010 年 8 月。

直接融资。创业板的开启对于清洁能源企业而言有着非同一般的意义。之前,碍于国内主板上市门槛过高,清洁能源企业多选择在海外上市,随着创业板推出、代办转让系统逐步完善和发行市场化改革的深入,中国清洁能源企业将更多选择在创业板和中小板上市,但在制度方面仍需不断完善。②大力发展国内债券市场,充分发挥债券在融资工具中的重要作用。

政府方面,如果将清洁能源产业的发展阶段划分为种子期、创建期、成长期和成熟期,目前清洁能源产业已度过了种子阶段并步入创建期,政府的作用也应该相应有所变化。如尚德模式的完全主导性质转为辅助支持,更多采用法律、政策的间接引导方式,形成市场化主导的融资模式。同时,可适当通过政府采购来帮助建立清洁能源市场。由于在世界上所有最大的经济体中,中央、地区和地方政府的经济活动占国家经济活动总量的35%—45%,所以公共部门的采购可以成为一股强大的力量。在政府采购中要求使用清洁能源,这将为在运输和供热以及电力领域的领先革新者创建有保障的市场。

在比较这三个组织主体在融资制度中的关系时,我们联想到英美式以资本市场融资为主体和日德式以银行信贷为主体的融资制度。中国清洁能源产业应构建资本市场直接融资与银行信贷间接融资并行为主体,政府发挥补充作用,三者协调发展的融资制度框架。而且,当清洁能源产业处于不同发展阶段时,三者的相对角色也会发生变化。另外,除了银行体系、资本市场和政府三方面外,行业组织在清洁能源企业的融资领域也具有一定的职能。比如建立针对清洁能源行业的投资基金。资金的募集和使用均建立在企业自觉自愿的基础上,基金的投资方向可以是技术研发、企业间合作等。

融资制度的运行模式革新分为两个方面:①市场化为主导的融资模式要求资金配置机制的市场化,具体包括利率市场化、信息及监控成本的市场化等;②改进融资效率。又可分为以下层面的内容:首先,对于银行而言,提高其信贷融资效率,通过适当简化银行贷款审批操作程序,改善系统的运作;其次,注重财政资金的筹集和高效利用。合理界定财政投资领域,发挥财政资金启动社会投资的杠杆功能,防止挤占民间投资,发生财政资金的"硬性的资金配置"。①

(二)融资制度政策环境和渠道建设

有关融资制度政策环境的改善方面,主要体现在两个方面:①健全规范融资市场的运作。如:加强对资本市场的规范,完善制度建设,为清洁能源产业融资提供更好的直接融资环境。近年来,清洁能源融资领域出现了一些新型融资方式,如产业投资基金、风险资本等,需要政策法规对其运行机制、模式进行统一和规定,提供体制性保障。②加强政策的监督作用。在以往发布的清洁能源相关法律及政策文件规定的基础上,增加对于清洁能源产业融资制度的专门性文件。融资作为清洁能源企业发展的一大难题,在已有的政策法律中多以条文的形式出现,对某方面进行解释和规定,有待将来以主题形式对该产业的融资制度进行整体全面的树立规范。

无论采取哪种政策,重点在于保持政策的稳定性以及简易性,这样才能使该产业不承担非必要的官僚成本。设计不良的、重叠的、断续的、互相矛盾的或过于宽松的政策是弊大于利的。渠道建设的革新重点在于传统渠道的改革和完善以及新型渠道的发展。

1.加强风险投资对清洁能源市场的投入

风险资本曾经促成了美国 20 世纪 90 年代的高新技术产业迅猛发展。对于众多清洁能源企业而言,"高风险"、"高新技术"、"创业期"、"中小企业"这些特征性的名词造成它们在传统融资渠道获得足够的资金障碍,而同样是这些名词却与风险投资的特征相吻合。风险投资偏好高技术高风险项目,更关注企业未来收益和成长性,风险投资对象主要是处于创业期的中小企业,很少停留在一个相对成熟的企业中。吸引更多风险资本进入清洁能源产业需要从引入机制、退出机制及清洁能源企业自身的条件三方面入手。①在风险投资的初始阶段,可由政府出资来筹集资本,典型案例便是无锡市

---

① 张宗新:《中国融资制度创新的模式构建与路径选择》,载《经济研究参考》2002 年第12 期。

政府对尚德电力的 600 万元政府风险投资;然后渐渐转向由政府引导或牵动相关企业成立风险投资公司或风险投资基金,最终实现风险投资的市场化建立。②中国清洁能源产业的规模局限和资本市场的不完善使风险投资的退出存在困难,创业板的开启对这一问题有所缓解,但仍然需要通过相关制度的建立来提供保障。③风险投资对于选取投资对象关注的焦点在于技术含量、公司规模、市场需求和上市前景。这要求清洁能源企业自身掌握核心技术,在生产经营的过程中不断扩大规模,有良好的财务状况等。

2. 建立清洁能源基金

由政府或政府引导大企业发起,以聚集民间资本投资清洁能源行业。能源基金包括产业投资基金、金融投资基金与综合基金。产业投资基金以中长期战略为导向,集中在油田开采等战略性的项目,是国际上的通行做法。相对而言,金融投资基金是一种中短期投资工具,通过在金融市场的套利和投机操作赚取利润。综合基金则是将二者结合起来,资金在实体经济与虚拟经济之间流动,由金融手段获取资金投向实体产业,获得更大的回报。

3. 成立清洁能源信用担保金融机构和担保公司

担保机构和担保公司的成立能加强清洁能源企业的信用保障,方便它们更容易获得为信贷融资。同时,政府应加强面向信用担保的法律、法规建设,明确规定担保机构的市场准入、担保各方的权利义务、外部监管制度;完善清洁能源企业信用担保机构运行的相关政策,如信用评估、风险控制制度、行业协调制度和自律制度等。

4. 引入清洁能源投资信托产品

贷款信托的资金运用大多属中长期贷款,其贷款利率的收益大大高于商业银行的定期储蓄利率。对于中国个人投资者具有一定的吸引力。

第五章 发展清洁能源个案分析

本章发展清洁能源个案分析主要以欧盟3个主要国家（德国、法国和英国）以及日本、美国为例展开，其他国家情况可参阅本书附录三亚太地区能源发展前景和附录四其他国家或地区发展清洁能源机制与法规介绍。

一、欧盟主要国家清洁能源发展政策与效果

欧盟是世界第二大能源消费区，石油消费在能源消费结构中占40%，燃烧矿石燃料排放温室气体而造成的环境污染问题十分严重。降低能耗、减除污染、改善环境是欧盟一直无法忽视的重要问题，也是欧盟对世界应尽的责任和义务。但是对于减排和改善能源结构，欧盟各成员国有不同的考虑。法国、德国、英国等西欧国家都拥有较为成熟的清洁能源技术，政府在其研发和应用上投入了大量资金，因此它们都制定了比较严格的减排目标。与之相反，新加入欧盟的国家则存在单一的能源结构，也未掌握先进的清洁能源技术和手段，对矿石燃料的依赖性比较大。特别是波兰、希腊等国正处国内经济困难时期，政府更愿意保持高能耗，将资金投入其他经济领域，而非通过清洁能源技术的开发实现减排。欧盟内部各成员国对于减排目标与能源利用的不同认识以及环保、能源问题的跨国别性，催生了在欧盟内部实施共同能源政策的迫切需求。2011年，欧盟公布了《2050年能源路线图》，确定能源路线的总目标为到2050年在现有基础上降低二氧化碳（CO_2）温

室气体排放至少 80%。[1]

(一)德 国

德国的清洁能源政策主要是通过其完善的法律法规,并且辅以政府的大力支持而推行的。从 20 世纪 70 年代开始,德国政府就开始了相关的清洁能源政策。早在 1971 年,德国就公布了一个较为全面的环境规划法案,而且在 1972 年通过了新修订的《德国基本法》,使得政府在环境政策领域有更大的活动空间,同时也促进了清洁能源发展政策的制定和实施。德国相关的经济政策和财税政策主要分限制性措施和激励性措施。

1. 限制性措施

德国政府从 2003 年 1 月 1 日开始,对无硫燃料征收的燃料税比含硫燃料的税率低 1.5 个百分点。而从 2001 年 11 月开始,德国对每千克含硫量超过 50mg 的汽油和柴油每升再加收 1.53 欧分的生态水,自 2003 年 1 月起,将含硫量标准调整为 10mg/kg,使超过该标准的汽油和柴油每升收的生态税累计达到了 16.88 欧分。[2] 德国推出了新车油料消耗量标签规定,规定只有达到油料消耗标准的车才可以获得节油标签上市销售。

2002 年 2 月 1 日,德国颁布了《节约能源条例》取代之前的《建筑物热保护条例》和《供暖设备条例》,对新建建筑、现有建筑和供暖、热水设备的节能进行了规定,制定了新建建筑的能耗新标准,规范了锅炉等供暖设备的节能技术指标和建筑材料的供暖性能等。按照该法,建筑的允许能耗要比 2002 年以前的能耗水平下降 30%左右。于 2004 年和 2006 年分别根据新的情况对该法进行了两次修订。

《能源节约法》制订了德国建筑保温节能技术新规范,其特点是从控制建筑外墙、外窗和屋顶的最低保温隔热指标,改为控制建筑物的实际能耗。德国还有大批老建筑,没有采用新型保温技术措施。为此,新法规鼓励企业

---

① European Commission,"Energy Road Map 2050",February 7,2012,http://ec.europa.eu/energy/energy2020/roadmap/index_en.htm,2012—04—01.(上网时间:2012 年 4 月 1 日)

② 《德国如何促进节能减排》,见中国人民网,http://theory.people.com.cn/GB/10178349.html,2012-05-20。

和个人对老建筑进行节能改造，并实行强制报废措施。例如，新法规规定，到 2006 年底，在 1978 年 10 月前安装的大约 200 万个采暖锅炉必须报废，由新型节能锅炉取代。

2.激励性措施

（1）在研发领域的激励性措施。德国联邦政府曾从长远出发，制定了促进清洁能源开发的《未来投资计划》，迄今已投入研究经费 17.4 亿欧元。目前，德国政府每年投入 6 000 多万欧元，用于开发清洁能源。政府的其他部门，如联邦经济技术部、联邦环境部、联邦研技部，通过实施科技计划来推动清洁能源的技术研究。如联邦经济技术部设立、实施发展的计划有：创新联盟计划，国家高技术战略框架中的促进计划，支持中小企业研究联盟的计划，尖端技术和领域的计划，精英团体计划，联邦研技部推动的 250MW 计划，联邦环境部设立的海上风电基金会，等等。

德国非常重视通过技术开发与创新，实现节能减排。如在建筑节能方面，他们通过材料革新、采用高效通风设备和照明节能等措施，使其在使用寿命周期的采暖能耗降到只有 $15(kW \cdot h)/m^2$，并只在特别寒冷的天气下才使用采暖设施。德国钢铁协会下属的钢铁研究中心，将节能减排作为重点研究课题，通过优化工艺流程、研发新型钢材和提高废钢材重复利用率实现节能减排。德国目前每吨钢用电量由 1990 年的 $630kW \cdot h$ 下降到 2006 年的 $345kW \cdot h$，二氧化碳排放量比 1990 年下降 20%。

（2）在生产领域的激励性措施。对于投资清洁能源的企业，联邦德国银行会以低于市场利率 1—2 个百分点的优惠条件提供贷款。德国政府从 2000 年起开始对国内太阳能企业实行"税收返还"政策，企业每生产 $1kW \cdot h$ 的电力就会获得约 50 美分的补贴。

在德国，任何生产清洁能源的项目都能得到政府资金补贴。小型的太阳能设备，政府都给予一定的财政补贴；对于大的清洁能源项目，政府提供优惠贷款，甚至将贷款额的 30% 作为补贴，不用返还。对于家用太阳能利用系统则一次性补贴 400 欧元。①

清洁能源开发商可向地方政府申请总投资的 20%—45% 的投资补贴，经济部下属的德国政策银行可以为销售额低于 5 亿马克的中小风电场提供高达总投资额 80% 的融资，所有风电项目可得到德国复兴银行和 DTA 银行的低息贷款，利率为 2.5%—5.1%。1989 年德国相关部门开展了风电示范项目，根据风电场装机容量给予税收返还性质的补贴，对于规模达到 100MW 的风电场，政府将为其提供年度税收返还补贴，后来受补贴风电场的规模扩大到 250MW。

2004 年德国推出了对地热能的补贴政策，上网电补贴 0.15 欧元/kW，这一政策推动了地热能的发展，可全天候使用。目前，地热能占德国清洁能源市场的 0.2% 和取暖市场的 2.4%。此外德国《清洁能源法》规定太阳能电力的收购价格为 43 美分/(kW·h)，风力发电收购价格为 9 美分/(kW·h)。这样的定价使得风电企业和光电企业能够在现有技术落后的高成本环境下继续经营。

市场激励计划于 1999 年开始实施，最初的 5 年计划每年预算为 1 亿欧元。由于各种原因，对清洁能源发电厂免除生态税不可行。因此，政府决定用该项税收支持清洁能源技术的发展。大约有 1/3（约 6.59 亿欧元）的税收收益来自清洁能源产电力，并被纳入了该项计划。该计划主要致力于推广生物能热、太阳能和地热能。私人投资者小规模安装可以获得拨款，该部分的管理由联邦经济与出口办公室负责。较大规模的装置投资可以申请德国复兴信贷银行提供的低息贷款和部分债务清偿。在住宅区，该计划重点推行太阳能热收集系统和生物加热器。优惠贷款可用于地热供热站、地热发电站、大型生物系统和大型太阳能热的应用。②

---

① 《德国节能减排多措并举》，见中国石化新闻网，http://www.sinopecnews.com.cn/shnews/content/2010-05/26/content_819214.shtml，2012-03-03。

② 资料来源：国家税务总局机关服务中心，http://www.chinatax.gov.cn/n8136506/n8136593/n8137681/n11589423/n11589506/11759336.html，2012-03-03。

德国计划到 2020 年将沼气使用量占天然气使用量的比重提高到 6％，到 2030 年提高到 10％。与电力相似，沼气的生产也存在并网和补贴问题。为此，德国相关部门制定了沼气优先原则，促使天然气管道运营商优先输送沼气，并参考天然气制定沼气的市场价格，从而确定补贴额。

德国传统火力发电厂的生产成本仅为（3—5）欧分／（kW·h），为了鼓励清洁能源的发展，目前国家为每度风能发电提供的补贴是 8.5 欧分，为每度太阳能发电的补贴额则达 48 欧分，并且保障所有清洁能源发电随时入网。[①]

（3）在消费领域的激励性措施。在鼓励消费政策中，德国政府实施"10 万个太阳能屋顶计划"，联邦经济技术部提供 5.1 亿欧元的投资扶持使其成为该领域世界最大的政府扶持项目。

德国制定了《清洁能源供暖法》，促进清洁能源用于供暖，计划到 2020 年，将清洁能源供暖的比例提高到 14％（2006 年为 6％）。

2008 年德国议会通过决议，将居民缴纳采暖费用中的个人比例由 50％上调到 70％。冀通过加强建筑业中的节能措施和推广智能电表的安装来节约电能损耗，鼓励普通国民自觉采取节能措施，居民缴纳采暖费用中的个人比例将由目前的 50％上调到 70％。

在德国，用于家庭取暖的能源占家庭能源消耗的 78％（不包括汽车用油），因此这个领域的节能潜力很大。从 2001 年起，德国政府就支持旧房改造工程，资金补贴力度逐年增加，既为房主提供补贴，也鼓励中小企业研发节能型建筑材料。后来德国又进一步改善了在这方面的贷款条件。

3. 亮点措施

（1）提高能效。德国一直非常重视能源节约和能源效率的提高，并制定了较完备的法律。2002 年 2 月 1 日，德国颁布了《节约能源条例》取代之前的《建筑物热保护条例》和《供暖设备条例》，对新建建筑、现有建筑和供暖、热水设备的节能进行了规定，制定了新建建筑的能耗新标准，规范了锅炉等供暖设备的节能技术指标和建筑材料的供暖性能等。联邦政府经济与技术

---

① 《看德国节能减排》，见网易新闻，http://news. 163. com/08/0708/14/4GBB345E000120GU. html，2012-03-03。

部与德国复兴信贷银行设立了帮助中小企业提高能效的特别基金,对其提供信息和资金支持。该计划主要包括方案部分和资金部分。德国汽车工业在节能方面也不断推陈出新,由于节能技术不断改进,2002 年德国新车的油料消耗量比 1990 年平均减少 20%以上。德国还推出了新车油料消耗量标签规定,规定只有达到油料消耗标准的车才可以获得节油标签上市销售。在交通节能领域,德国还发起了交通领域的能效行动,加强对驾驶员节能驾驶的培训,经过培训的驾驶员平均可节省 10%的油料损耗。

(2)咨询机构。德国政府非常重视节能咨询机构建设,2002 年成立的德国能源局,其主要工作之一就是为企业和公众提供节能咨询。为满足企业和公众节能咨询量不断增加的需求,政府鼓励发展小型的节能咨询机构,凡新组建的节能咨询机构都可得到政府资助。为提高咨询人员的素质,政府每年要对咨询人员进行专业培训,不合格的将取消其咨询资格。目前,全德国节能咨询机构有近 400 家,极大满足了企业和公众的需求。[①]

4. 发展清洁能源政府机制

德国是由综合的部门对能源进行管理。其中与能源相关的部门有:联邦经济与技术部,联邦环境、自然保护与核安全部,交通、建筑与城市发展部,相关能源管理部门的机构设置、人员编制与主要职能如表 5-1 所示。

表 5-1　德国相关能源管理部门的机构设置及其主要职能

相关能源管理部门	部门简介	主要职能
联邦经济与技术部	国家能源政策的制定者、监督执行者,提供预算支援能源研究机构进行能源技术研究与开发。	负责能源战略、能源政策研究,协调石油、天然气、煤炭、核能、电力生产与供应,以能源效率、供给安全、主要效率、能源供给安全、环境可持续性等目标,促进清洁能源的发展。

---

① 《德国节能减排多措并举》,见中国石化新闻网,http://www.sinopecnews.com.cn/shnews/content/2010-05/26/content_819214.shtml,2012-03-03。

相关能源管理部门	部门简介	主要职能
德国联邦环境、自然保护与安全部	1986 年 6 月 6 日成立，接管原来由内政部、农业部和卫生部共同负责的环境保护职能，负责制定基本的环境、资源和能源保护政策。	基本环境保护问题，如国际合作.对公众提供环境问题的信息和教育,前东德地区的环境补救和发展,气候保护,环境和能源,空气质量控制,消除噪音,地下水、河流、湖泊和海洋保护,土壤保护和受污染地区的补救,废物回收利用政策,化学安全,环境与健康,工业设备紧急事件预防.生物多样性的保护、维持和可持续利用,核设施安全,放射性保护以及核材料的供给和处置。
交通、建筑与城市发展部	原为联邦交通部,1998 年 10 月,新政府进行机构改革,由原来的联邦运输部、联邦土地规划、建设部、联邦房屋部合并而成。组成了目前的联邦交通建设与住房部。	主要负责德国的交通、住房、建筑等事宜,具体包括交通运输、基础设施、住房建设和城市建设管理,在能源方面则督导运输工具的能源管理、建筑节能、交通能源消耗、可再生交通能源等问题。

5. 可以通过以下相关指标来反映德国相关政策的效力①

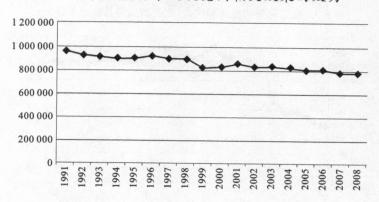

图 5-1　德国二氧化碳排放量(千吨)

---

① 数据来源:世界银行。

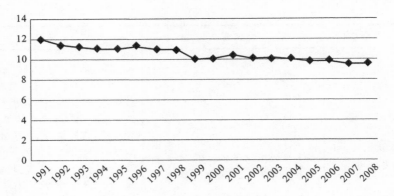

图 5-2　德国二氧化碳人均排放量(公吨数)

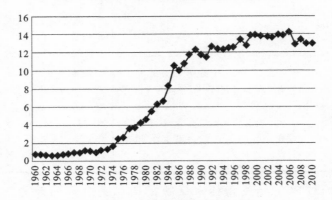

图 5-3　德国可替代能源和核能(占能源使用总量的百分比)

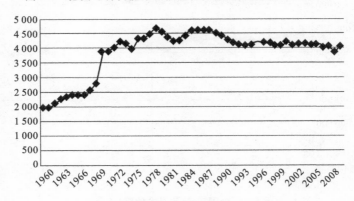

图 5-4　德国能源人均使用量(千克石油当量)

从图 5-1 至图 5-4 可以较为明显地看出,二氧化碳无论是总量还是人均排放量都有所下降,这意味着德国减排措施的到位。其中,清洁能源在德国能源结构中的比例不断上升,意味着德国在鼓励可再生领域的相关财税和经济政策的效果十分显著。德国人均能源使用量虽然经历了工业化阶段的快速上升,但是自20世纪80年代开始就放缓上升速度,并呈现逐渐下降的趋势。

德国政府一贯非常重视节能减排,提出了高于《京都议定书》和欧盟要求的节能减排目标,到2020年能源利用率比2006年提高20%,二氧化碳排放量降低30%,清洁能源占能源消费总量比例达到25%。① 德国目前每吨钢用电量由1990年的630kW·h下降到2006年的345kW·h,二氧化碳排放量比1990年下降20%。②

近年德国清洁能源发展迅速,目前9.4%的发电量、4.2%的供热、1.6%的燃料由清洁能源供应,而且增长势头不减,在风力开发方面已位居世界首位。该行业2004年创下115亿欧元的销售记录,已经过去的2005年将再创新高。目前,该行业就业人员超过13万人。由于使用了清洁能源,2004年,德国二氧化碳排放量减少了约7 000万吨。根据该协会的最新研究报告,按照目前的发展趋势,至2020年,清洁能源将占德国发电量的25%,每年二氧化碳可减排1.1亿吨。③

(二)法　　国

法国打算实施发展清洁能源的宏伟计划,标志着其增长模式从对碳的依赖中摆脱出来而逐渐向"无碳化"发展。根据这项计划,到2020年的能源消费总量中,清洁能源的比重将提高至23%。其中,值得一提的是,法国有专门的能源法《确定能源政策定位的能源政策法》来保障能源供应的安全,该法案鼓励发展风能、太阳能和生物质能等清洁能源的发展,同时支持核能的发展。其推动清洁能源的发展的具体措施如下。

---

① 《德国节能减排多措并举》,见中国石化新闻网,http://www.sinopecnews.com.cn/shnews/content/2010-05/26/content_819214.shtml,2012-03-03。

② 《值得借鉴的节能减排措施》,见武汉市城乡建设委员会网站,http://hygl.whjs.gov.cn/content/2009-07/07/content_174589.htm,2012-04-02。

③ 《德国节能减排多措并举》,见中国石化新闻网,http://www.sinopecnews.com.cn/shnews/content/2010-05/26/content_819214.shtml,2012-03-03。

1.限制性措施

根据法国环境与可持续发展部颁布的房屋能耗标准,凡 2007 年 7 月 1 日后获得建筑许可的新建房屋,一律必须具备"能源效率诊断"证书,以便在出售时提供有关能耗水平的数据。此外,重要公共建筑的管理者必须在显眼处公布房屋的能耗情况,以提醒公众注意节能减排。对于面积超过 1 000 平方米的房屋,开发商必须详细列出所有可行的供能方式,才能获得建筑许可,以便未来的居住者选择最节能的方式进行装修。此外,法令还重新确定了热设备的改造标准,力争将温室气体排放量和能耗降到最理想水平。法国政府最近还与房地产从业者签署公约,规定到 2012 年时,90% 的房地产公司都公布所建房屋的能耗和温室气体排放量。这份公约以鼓励为主,不具强制性,但未来政府将对隐瞒能耗情况的房地产从业者进行"惩罚"。

法国政府推行了"新车置换奖金"计划。根据该计划,车主在进行新车置换时,购买小排量、更环保的新车可享受 100—5 000 欧元的奖金,而购买大排量、污染严重的新车必须缴纳最高达 2 600 欧元的惩罚性购置税。[①]

法国从 2010 年起在国内实施征收碳税的议案。同时,法国政府还希望将其发展成为针对欧盟以外国家的"碳关税"。根据法国议会通过的此项议案,从 2011 年 1 月 1 日起,法国将对化石能源的使用按照每排放一吨二氧化碳付费 17 欧元的标准征税。

2.激励性措施

(1)在研发领域的激励性措施。2010 年 8 月,法国环境与能源控制署将提供 4.5 亿欧元用于对清洁能源的补贴,另外 9 亿欧元用于低息贷款,以支持太阳能、海洋、地热能源等新型清洁技术、碳捕捉与封存项目和生物燃料的开发。[②]

法国政府还将陆续投入 6 300 万欧元用于支持新的"竞争力集群"建

---

① 《法国为绿色能源目标着急》,见云南省商务厅网站,http://www.bofcom.gov.cn/bofcom/433480320356974592/20110506/288884.html,2012-04-02。

② 中国节能环保集团公司、中国工业节能与清洁生产协会编:《中国节能减排产业发展报告——探索低碳经济之路》,中国水利水电出版社 2010 年版。

设,计划重点扶持清洁能源、建筑、交通、生物技术、航天等领域,如研发环保高效的锂电池,开发新型房屋隔热层,使用含有植物纤维的复合材料建造轻型节能汽车部件等。[①]

2008 年 4 月,法国第一部重大环境法律"Grenelle 1"中包含了研究示范基金计划,其中 3.25 亿欧元的资金覆盖了气候变化、生物多样性、环境风险以及治理措施等。

(2)在生产领域激励性措施。2010 年 6 月 1 日,法国政府规定将 BIPV 光伏系统的补贴政策支持分为两类:普遍集成系统和高审美集成系统。法国历来推崇浪漫主义气质与对美的追求,为此对于高审美度集成系统,其补贴政策高达 60.2 美元 ct/(kW·h)的补贴额,相信这项补贴很有可能将催化衍生出一批相对精致的光伏应用产品。另外,发电容量达 3kW 的装置也可获得 60.2 美元 ct/(kW·h)的补贴,而低于此标准的将只有 33.8 美元 ct/(kW·h)。同时,补贴政策也考虑到地理因素,如法国南部地区,其补贴将比北方低 20%。上网电价补贴政策将为 BIPV 和地面安装系统做出相应修改,对于后者,补贴将上升到 32.8—39.4 美元 ct/(kW·h)。[②]

法国规定了每年新增 500MW 的光伏电站装机容量上限,以及所有在地面上安装的光伏系统将接受 0.12 欧元/(kW·h)的补贴。而且,在一般情况下,民用屋顶光伏发电项目和商业性光伏发电站享受到的上网电价补贴是不同的,此次法国政府给予两者相同的补贴水平,有助于投资商根据现实情况,因地制宜地选择光伏发电站的建设方式,这非常有利于提高光伏发电系统的使用效率。[③]

2009 年法国政府还投资 4 亿欧元,用于研发清洁能源汽车和低碳汽车。

2009 年 12 月 14 日,在法国总统府公布的一项总额 350 亿欧元的政府

---

① 《法国为绿色能源目标着急》,见云南省商务厅网站,http://www.bofcom.gov.cn/bof-com/433480320356974592/20110506/288884.html,2012-04-02。

② 《法国,BIPV 备受青睐,补贴政策相对乐观》,见清洁能源网,http://www.21ce.cc/search/detail.aspx? newsid=30165,2012-04-02。

③ 《法国新光伏补贴政策的几个看点》,见清洁能源网,http://www.21ce.cc/solar/detail_25023.aspx,2012-04-02。

借贷计划中,有 10 亿欧元将被用于发展第四代核反应堆。

法国《新电力法》规定,风电等清洁能源发电可享受国家定价收购。收购价格根据当时的小时工作价值指数和物价指数确定,在一定的期限内是不变的。

2008 年的《光伏发电法规》规定:屋顶和地面光伏系统和光伏建筑以及光伏一体化建筑的回购电价,有效期为 20 年,对太阳能发电进行绿色贷款补贴,贷款利率介于 3%—5%,期限为 5—10 年。而光伏系统少于 3kW 的,给予安装费用 50% 的个税减免,有效期至 2010 年底。就增值税而言,对于使用光伏系统 2 年,且安装容量少于 3kW 的,将光伏系统发电材料和安装费的 5.5% 用于增值税减免。

另外,早在 1987 年,政府就通过法律要求在特种汽油中加入 3%—5% 的生物燃料,1992 年法国政府就同意免除乙醇汽油的消费税。[①]

3.亮点措施

据法国环境与可持续发展部的统计数据显示,建筑业的二氧化碳排放量占排放总量的 25% 左右。因此,法国出台新的法律草案,计划大规模改造旧房,以降低建筑物能耗。此外,大量消耗能源的建筑业(占能耗 40%)也受到监管:从 2012 年开始,要严格根据所建房屋的耗能发放建房许可。

二氧化碳排放权交易是法国政府充分发挥市场机制促进节能的重要措施。政府给企业颁发二氧化碳排放许可证,每个许可证都有一个许可排放标准,如果企业的实际二氧化碳排放量大于标准,则必须从那些实际排放量低于排放量标准的企业购买"排放量",这样企业就有两个选择,即加大技术改造减少排放量和购买"排放量"。

4.发展清洁能源政府机制

法国的能源管理机构为环境保护与能源控制署,是可持续发展部的下属机构,受法国环境部、生态部和科技部共同领导。其工作目标是协调不断增加能源供应商的行为,负责制定能源、废弃物、空气以及噪音污染等方面

---

① 罗国强、叶泉、郑宇:《法国清洁能源法律与政策及其对中国的启示》,载《天府新论》2011年第 2 期。

的政策。为各类消费者提供建议和激励措施，并在地方层面上管理清洁能源项目。它是法国最高的能源管理机构，其具体组织如图 5-5。

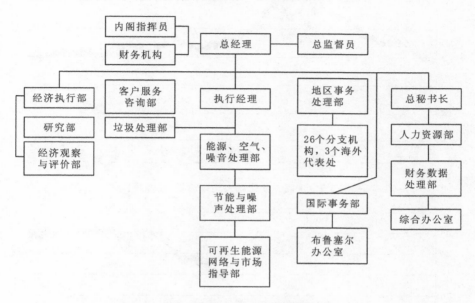

图 5-5　法国环境保护与能源控制署组织结构图

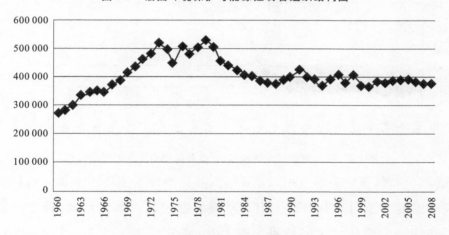

图 5-6　法国二氧化碳排放量(千吨)

5.清洁能源政策效力

综合上述法国在发展清洁能源中所做出的努力，不难发现法国由于自身资源贫乏而对清洁能源的渴求。同时法国也将核能纳入到自身能源发展的重要环节。因此，目前法国运行中的核电机组共有 58 座，总装机容量超

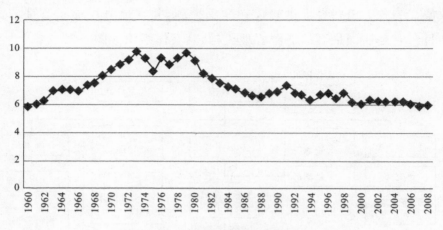

图 5-7　法国二氧化碳人均排放量(公吨数)

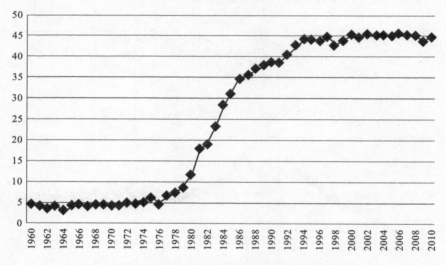

图 5-8　法国可替代能源和核能(占能源使用总量的百分比)

过 63 300MW,核电占总发电量的 78%,其比率位居主要工业国的首位。核电在法国电力及能源中占据了绝对重要的地位。正因为如此,核能与清洁能源在法国能源构成中的比重不断上升,直升到 45% 左右。同时,人均二氧化碳排放量和二氧化碳排放量都呈现下降的趋势。然而法国在人均能源使用量方面依然没有显著的下降趋势,这是值得注意的地方。

6. 其他成效

据有关方面统计,法国核能工业创造的附加值每年达 200 亿—280 亿欧

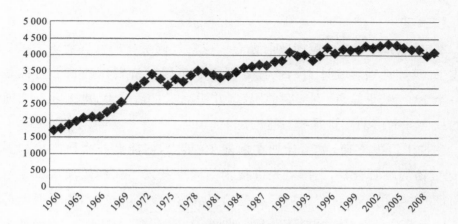

图 5-9　法国能源人均使用量(千克石油当量)

元。法国的核电不仅满足了自身需要,而且还向邻国出口。因核电减少石油进口每年可为法国节省外汇 240 亿欧元。法国电力公司是欧洲最大的运营商,其资产市值约高达 800 亿欧元。据估计,如果法国关闭核电站,将会损失 4 000 亿欧元,且威胁到 100 万个工作岗位。[①]

截至目前为止,法国正利用其巨大的风力来生产清洁电力。据全球风能委员会数据显示,2009 年底,法国风电装机容量 4 500MW,成为继德国、西班牙、意大利之后的欧洲第四大风能发电市场。2009 年,法国的风能市场从 2008 年的 950MW 增加到 1 088MW,占所有新增发电量的 41%。2011 年,法国全年风力发电占全国电力消费总量的比重为 2.5%,相当于 500 万个法国人的家用电力消费总量(包括取暖耗电)。[②]

2006—2007 年,法国的太阳能光伏产业市场增长了将近 3 倍,2006 年法国的太阳能发电的发电量为 10.3MW,2007 的发电量跃升为 30MW,足以可见太阳能发电对法国的巨大影响。2008 年法国的光伏发电站的发电能力总和达到了 81MW,到 2010 年底约达 850MW。

---

① 《法国电力将投资 100 亿欧元强化核电站安全》,见机电商情网,http://www.jd37.com/news/20122/104777.html,2012-04-02。

② 《法国推出 17.3 亿美元发展清洁能源计划》,见世界风力发电网,http://www.86wind.com/html/2010-08/fenglifadian-8793.htm,2012-04-02。

(三)英　　国

2009 年 7 月 15 日,英国政府公布了应对气候变化的低碳能源国家战略白皮书《英国低碳转变计划》,该计划提出了英国经济发展的核心目标是建设一个更干净、更绿色、更繁荣的国家,并明确了包括电力、重工业和交通在内的社会各部门的减排量和减排措施。

在技术研发方面,英国计划在未来 10 年内,向能源技术研究机构提供 55 亿英镑的政府资金,支持对先进技术的研究开发。在能效项目试点示范方面,2008 年用于先进能效项目示范的资金达 4 500 万英镑,用于低能耗汽车推广示范的资金达 4 000 万英镑。此外,2008 年度对碳基金、节能基金等专业节能机构的预算支持也将达 1.3 亿英镑。英国根据《气候变化法》制定了碳减排规划——"碳预算",并安排了相应支出额度。如,2009 财年预算中,计划向低碳经济新增投入 14 亿英镑,包括:安排 5.25 亿英镑,支持海上风力发电;3.75 亿英镑用于企业、公共建筑和家庭提高能源和资源使用效率;4.05 亿英镑用于风力和海洋能源技术、清洁能源技术、强化低碳供应链等产业的发展;6 000 万英镑支持碳捕获项目;7 000 万英镑支持小规模和社区低碳经济发展。

1. 在生产领域的相关政策

英国政府计划将投入 4.05 亿英镑用于低碳能源的建设,其中投资 1.2 亿英镑建设近海风力发电场,投资 6 000 万英镑发展潮汐/波浪发电技术,投资 600 万英镑用于地热资源开发。同时,计划将英格兰西南部建设成为英国首个低碳经济区。[①]

2009 年,英国政府批准了总额为 47 亿英镑的电网扩容计划,同时还将加速清洁能源接入工程的建设。此外,英国政府还计划投入 600 万英镑来加速智能电网的建设,并计划到 2020 年完成对所有家庭智能电表的安装

① 中国节能环保集团公司、中国工业节能与清洁生产协会编:《中国节能减排产业发展报告——探索低碳经济之路》,中国水利水电出版社 2010 年版。

工作。①

改进清洁能源配额制,保障大型清洁能源项目回收投资。清洁能源配额制是指供电企业在其所提供的电量中,必须有一定的清洁能源份额。将清洁能源配额制延长到 2037 年,每个清洁能源项目最多可获得 20 年的配额支持;要求清洁能源的配额容量要高于清洁能源的实际容量,并且高出的比例由 8%增加到 10%,使清洁能源能维持在相对较高的价格水平,保障清洁能源的投资收益;允许其他国家的清洁能源机组参与本国的清洁能源配额制交易。②

引入固定上网电价机制,促进 5MW 以下清洁能源机组发展。目前,英国对所有的清洁能源均实施配额制。在配额制下,小型清洁能源机组难以直接参加电力批发市场的交易,投资收益无法保证。因此,英国政府将从 2010 年 4 月开始,针对 5MW 以下的清洁能源机组引入固定电价机制,以促进家庭小型太阳能和风能机组发展。固定上网电价是指政府直接确定各类清洁能源电力的上网价格。③

英国政府在其 2000 年制定的英国气候变化计划中提出了一项实质性的政策手段,即"气候变化缴款"(climate changelevy)。它是从 2001 年开始,所有向非民用的工业、商业和公共部门提供能源产品的供应商都必须缴纳的一种能源使用税。气候变化缴款的计税依据是煤炭、油气及电能等高碳能源的使用量,如果使用生物能源、清洁能源或清洁能源则可获得税收减免。该税的征收目的主要是用来减少雇主所承担的社会保险金和用于提高能源效率及可更清洁能源的开发、使用。该税种一年大约筹措 11 亿—12 亿英镑。其中,8.76 亿英镑以减免社会保险税的方式返还给企业,1 亿英镑作为节能投资的补贴,0.66 亿英镑拨给碳基金。据测算,至 2010 年英国每年

<hr />

① 中国节能环保集团公司、中国工业节能与清洁生产协会编:《中国节能减排产业发展报告——探索低碳经济之路》,中国水利水电出版社 2010 年版。

② 中国节能环保集团公司、中国工业节能与清洁生产协会编:《中国节能减排产业发展报告——探索低碳经济之路》,中国水利水电出版社 2010 年版。

③ 中国节能环保集团公司、中国工业节能与清洁生产协会编:《中国节能减排产业发展报告——探索低碳经济之路》,中国水利水电出版社 2010 年版。

可减少 250 多万吨的碳排放（相当于 360 万吨煤炭燃烧的排放量）。[1]

英国开征了气候变化税、能源消费税、燃油税等税种，不同程度抑制了二氧化碳的排放。2001 年推出的气候变化税，主要针对消耗能源产品用于燃料用途的工业、商业和公共部门，不包括民用和交通部门，应税产品包括电力、天然气、液化石油气、煤炭等，根据能源产品消耗情况从量征收，约使能源消耗费用增加了 10％—15％，有力地促进了企业节能的积极性。[2]

2. 在消费领域的相关政策

2006 年国家对企业的援助共 50 亿欧元，其中节能是重要支持领域。此外，英国所有用户电费中都包含有化石燃料税，税额为 2.2％，用于清洁能源发电补贴。居民节能补贴主要针对居民实施建筑节能改造或采购节能产品，对因节能产生的额外费用或高出普通产品价格部分进行补贴，如对家庭购买价值 175 英镑的高效绝热门窗提供 100 英镑的补贴，对每台太阳能热水器补贴 500 英镑，对低收入家庭安装保温设施每户给予 491.75 欧元补贴，等等。[3]

英国将实施绿色供热补贴计划，未来将拨款 8.6 亿英镑用于安装生物质锅炉、地热泵和太阳能热水器。此政策将于 2011 年 7 月前实行，第一批惠及者达 2.5 万用户。清洁能源供热补贴规定了每千瓦产热的补贴金额，补贴年限为 20 年。补贴范围包括自 2009 年 7 月 15 日起所有的家用、商用和政府供热系统。[4]

英国全国安装家庭用小型能源设备的家庭已超过 10 万户，使用太阳能光电板，可使家庭能源开支每年降低一半。地热泵虽然需要先期投入安装

---

① 《发达国家发展低碳经济的财政政策及其经验借鉴》，见财政部财政科学研究院网站，http://www.crifs.org.cn/crifs/html/default/caiwukuaiji/_content/10_08/12/1281581138811.html，20120-04-02。

② 中国节能环保集团公司、中国工业节能与清洁生产协会编：《中国节能减排产业发展报告——探索低碳经济之路》，中国水利水电出版社 2010 年版。

③ 中国节能环保集团公司、中国工业节能与清洁生产协会编：《中国节能减排产业发展报告——探索低碳经济之路》，中国水利水电出版社 2010 年版。

④ 《英国可再生能源绿色供热补贴政策 7 月将出炉》，见中国电池网，http://www.itdcw.com/archives/3258，2012-04-02。

费用6 500英镑,但今后将为每个家庭每年减少750英镑的开支。英国政府承诺,到2016年,所有新住宅碳排放将达到零排放,所有的住宅都要进行绿色等级评定。[①]

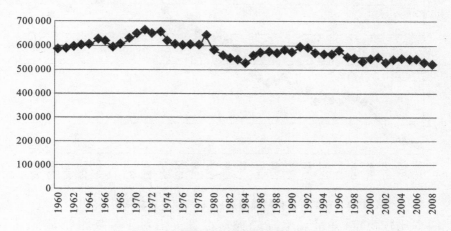

图 5-10　英国二氧化碳排放量(千吨)

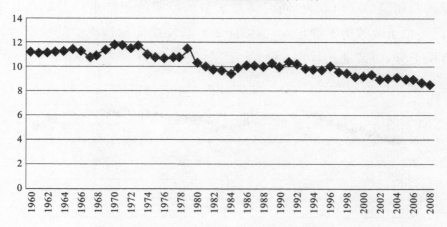

图 5-11　英国二氧化碳人均排放量(公吨数)

3.可以通过以下相关指标来反映英国相关政策的效力 [②]

从二氧化碳排放量的走势可以看到,英国的减排政策成功地使人均二氧化碳排放量和排放总量都开始放缓上升趋势,并逐渐下降。同时,人均能

---

① 《英国可再生能源绿色供热补贴政策7月将出炉》,见中国电池网,http://www.itdcw.com/archives/3258,2012-04-02。

② 数据来源:世界银行。

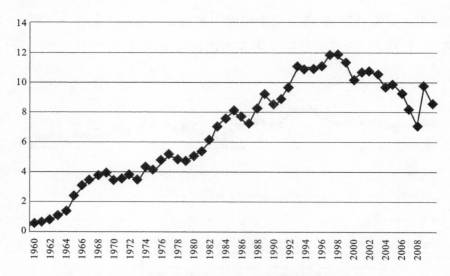

图 5-12 英国可替代能源和核能(占能源使用总量的百分比)

源使用率比较稳定,并呈现下降趋势。尽管英国对于发展清洁能源既有财政投入和相应的减税政策,同时又对于清洁能源给予特定的补贴和政策扶持,但是由于政策的不确定性,清洁能源和核能在能源构成中的比例尽管总体有所上升,但波动比较大。

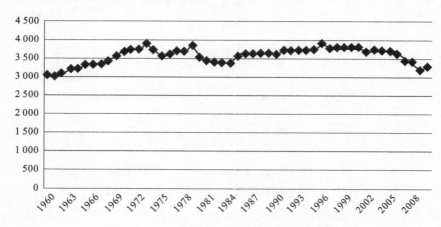

图 5-13 英国能源人均使用量(千克石油当量)

2012 年,英国电力消费量中 42.8% 来自于煤炭发电,27.6% 来自于天然气发电,20.8% 来自于核能,而在 2012 年第三季度,可再生能源发电量所占比例达到了 11.7%。[①] 相比于历史水平,煤炭发电在电力消费结构中所占比例达到了 1996 年来的最高水平,而天然气则处于 1996 年来的最低水平,以核能及可再生能源为代表的清洁能源则在供给比例中获得持续的提升,这一趋势反映出英国在推行清洁能源方面的成就。

英国政府公布的 25 亿英镑投资数据比去年的估计值略高,但比 2009 年绿色能源总投资要低。[②] 投资商抱怨政府的政策不稳定,例如 2012 年政府两次削减太阳能产业的补贴,同年秋天还宣布计划降低风电的补贴。英国 2011 年的绿色能源投资未能实现显著增长,这反映了艰难的经济环境和政府政策的不确定性。

英国实行集中型的能源管理体制,目前英国的能源管理机构是设在贸易产业部下的能源局。英国于 1974 年成立能源部,后并入贸易产业部,成为该部的能源局。英国能源局较为独立,主要负责从能源需求预测到能源供应方面的所有事宜,包括促进英国自然能源资源的开发,统筹管理各种能源市场,参与国际能源事务以及管理碳排放交易等。该局的战略目标中将降低温室气体排放置于优先考虑位置,突出了能源发展的环境责任,其次才是能源安全、促进能源市场竞争和确保居民充足的供暖。英国能源管理部门对环境目标的重视在其机构设置中也得以体现,能源局专门设立了能源与气候变化战略研究团队、核安全办公室、碳排放交易办公室等。英国将能源部转换成能源局,主要是由于北海油田发现后,英国能源自给率大幅提高,能源供给和能源长期安全问题得到明显缓解,同时,英国的能源供应与需求结构较为单一,石油与天然气占到能源消费的 70% 以上,能源管理机构的职责相对较为清晰和简单,并不需要从事太多的行业发展与协调事宜。

---

① Department of Energy & Climate Change:Uk Energy Statistics—2012provisional data, https://www. gov. uk/government/uploads/system/uploads/attachment _ data/file/120641/ Press_Notice_Feb_2013. pdf,2013-03-08.

② 数据来源:首聚能源博览网,http://news. geo-show. com/201201/04/84620. shtml, 2013-03-08。

二、日本清洁能源发展政策与效果

1994 年,日本的新阳光计划是开发清洁能源、节能、环保三者的有机结合。日本通产省在新阳光计划之前已经分别实施了阳光计划、月光计划和与地球环境相关的技术开发体制。1974 年开始的阳光计划是以石油危机为契机以实现能源长期稳定安全供应为目标的寻求替代石油产品的能源技术,以太阳能、地热能、煤炭液化、煤气化、氢能的制造、运输、贮藏、利用新技术为重点,也推动开发风能、海洋能技术。1978 年开始的月光计划主要是开发节能技术提高能源的利用率,回收可利用能源,等等;还推进燃料电池发电技术、热泵技术、超导电力技术等大型省能技术的开发利用。1990 年开始的地球环境技术的研究开发体制是在地球环境技术方面开展人工光合作用固定二氧化碳、二氧化碳的分离、生物分解化学物质等技术的研究。在实施过程中,日本认识到三项计划的目标和内容是紧密联系的清洁能源、节能和地球环境技术三方面的技术开发存在互相重复的部分;把三者有机地联合起来,能够更有效、更快地推进能源环境技术的开发利用。因此,日本通产省在 1994 年开始了把阳光计划、月光计划和地球环境技术研究开发体制融为一体的新阳光计划(即能源环境领域的综合技术推进计划),起码要执行到 2020 年。[①]

1994 年 12 月,日本内阁会议通过清洁能源推广大纲,指出投入能源事业的任何人都有责任与义务全力促进清洁能源和再生能源推广工作,并正式宣布了日本清洁能源发展的政策基础。政府全力推进清洁能源和再生能源,在地区层级上,要求当地县市政府全力配合宣传,使私人企业、一般大众了解此项基本政策。[②]

2004 年 6 月,日本政府公布了清洁能源产业化远景构想,目标是在 2030 年以前,把太阳能和风能发电等清洁能源技术扶植成商业产值达 3 万

① 何季民:《日本的新阳光计划简介》,载《华北电力技术》2002 年第 1 期。
② 《日本新能源政策及发展现状与趋势》,见中华人民共和国国家发展和改革委员会网站,http://www.sdpc.gov.cn/nyjt/gjdt/t20051228_55003.htm。

亿日元的支柱产业之一,从而进一步摆脱对石油的依赖度,提高日本清洁能源产业的国际竞争力。①

2006 年 5 月,日本政府颁布了《新国家能源战略》,提出了今后 25 年日本能源战略三大目标、八大战略措施计划及相关配套政策。在该国家能源战略文件中,清洁能源创新计划即位列八大战略措施之中,其提出的战略目标包括:支持清洁能源产业自主发展,支持以新一代蓄电池为重点的能源技术开发,促进未来能源(科技产业)园区的形成。2030 年前使太阳能发电成本与火力发电相当,生物质能发电等原产性能源得到有效发展,区域能源自给率得到提高②。前述能源战略及目标的宣示体现了日本政府大力发展清洁能源、摆脱对传统化石能源的依赖的决心。

表 5-2 日本、英国、美国、欧盟导入清洁能源的实绩与目标对比

	2000 年实绩	2010 年目标
日本	4.8%	7%
美国	5%	6.9%
欧盟	6%	12%

数据来源:日本经济产业省资源能源厅调查数据

表 5-3 日本历年来清洁能源发展使用目标

时间	2003 年	2004 年	2005 年	2006 年	2007 年	2008 年	2009 年	2010 年
发电目标	7.32%	7.66%	8.00%	8.34%	8.67%	9.27%	10.33%	12.20%

数据来源:日本经济产业省

在清洁能源的开发利用方面,日本政府采取的主要政策措施如下:

(一)新阳光计划

1. 投入大量资金,支持清洁能源技术的研发

日本政府在清洁能源的研发上大力投入,力图确保未来能源科技的制高点。1996 年,日本政府投入清洁能源产业的资金是 479 亿日元,此后连年

---

① 《日本新能源的开发利用现状及对我国的启示》,见中国环境生态网,http://www.ee-du.org.cn/Article/es/envir/edevelopment/200712/199800.html。

② 刘小丽:《日本新国家能源战略及对我国的启示》,载《中国能源》2006 年第 11 期。

增加,至 2004 年已达到 1 613 亿日元,增加了 236.74%。[①] 投入的资金主要用于清洁能源的技术开发、实证实验。

2. 鼓励国民使用清洁能源

为鼓励国民使用清洁能源,除向生产企业发放补贴令其降低设备价格外,还按 9 万日元/kW 标准直接补助用户家庭,2003 年总计发放 132 亿日元。对本土居民安装太阳能光伏发电系统提供投资补贴,补贴额度起初为100%,随着太阳能光伏产业的逐渐成熟和市场化,补贴额度逐渐降低,并于2005 年取消了该项补贴,以此来激励太阳能发电产业实现完全市场化运作。[②]

3. 资助企业和地方公共团体发展清洁能源

如,2003 年总计发放 393 亿日元,向从事清洁能源事业的非营利组织提供 1.1 亿日元,向地方公共团体发放专项补助金 2.33 亿日元。[③]

4. 对开发清洁能源的企业实行税收优惠和财政补贴

面向大企业的补贴项目有节能促进、风力发电、太阳能发电、燃料电池、生物质能、利用冰雪热等;面向中小企业的补贴项目主要是环境对策贷款,包括促进能源有效利用、促进引进特定高效能源设备、资源能源资金等;面向其他机构的补贴主要包括:①面向清洁能源产业技术综合开发机构的促进住宅建筑物引进高效能源系统、能源需求最佳管理推动项目、普及地区节能促进措施项目、促进节能及清洁能源对策引进项目等;②面向热泵蓄热中心的电力负荷削峰填谷试点项目;③面向日本煤气协会的能源多消费型设备天然气推动项目;④直接面向清洁能源消费者的补贴项目。比如:1997—2004 年,日本政府向用于住宅屋顶上的太阳能电池板安装工程投入了 1 230亿日元的辅助金,对清洁能源消费者(建筑物业所有者)、能源管理企业进行直接补助,使太阳能电池板用户越来越多,由此收回了成本,拉低了市场价格。

---

① 井志忠:《日本新能源产业的发展模式》,载《日本学论坛》2007 年第 1 期。

② 单宝:《日本推进新能源开发利用的举措及启示》,载《科学·经济·社会》2008 年第 2 期。

③ 陈海嵩:《日本新能源开发政策及立法探析》,载《淮海工学院学报》(社会科学版)2009年第 4 期。

（二）"太阳作战"计划

从2006年开始，日本环境省实施"太阳作战"计划，对家庭用户的太阳能发电设备以削减二氧化碳排放为目标，通过发放补贴，大规模且有系统地推动太阳能发电产业。[①] 补贴的具体规定是，以太阳能发电设备所生产的电量为基准，从替代电网电量的概念计算二氧化碳削减量，对削减量进行补贴。根据发电设备的大小，确定补贴期间（基本为3年），并对安装费用予以补贴。

（三）生物质能源综合战略

2006年3月，日本对生物质能源综合战略进行了修改，主要是要加速运输部门生物质燃料利用，并通过政策调整强化各个领域的具体落实。该战略最初是在2002年7月30日由日本农林水产省牵头，在经济产业省、国土交通省、环境省与文部科学省联合组成的专家小组的建议下确立的。主要宗旨是，防止地球温暖化，建立循环型社会，培育新产业的竞争力，通过政策实施促进生物质的利用。

日本能源战略的核心之一是充分利用其尖端技术的实力构筑最先进的能源供需结构，尽早创建新一代能源利用社会战略，目标是提出中长期所需的技术开发战略纲要、明确政府投入方向、引导民间资源、积极参与推动全社会共同努力，使日本在以节能为首的多个相关能源技术领域中成为世界领先国家。为实现其战略目标采取的主要政策措施是：2050—2100年超长期计划出发，展望未来能源技术，提出2030年应该解决的技术课题，如超燃烧技术、超时空能源利用技术、未来民用和先进交通节能技术、未来节能装备技术等，拟定能源技术开发战略，加大对能源关联技术开发的支持，探讨促进能源技术开发的有效体制。[②]

日本通过政策引导和法律保障等手段，大力推动清洁能源开发利用，取

---

①　马玉安：《日本新能源有多大发展空间》，载《中华工产工商时报》2006年7月21日。

②　《日本〈新国家能源战略〉出台》，见中华人民共和国国家发展和改革委员会网站，http://www.sdpc.gov.cn/nyjt/gjdt/t20060728_78143.htm.

得了较大的成效。例如,日本的太阳能利用居世界领先地位,在风力开发、生物能开发、地热发电等领域也取得了一定进展。尽管如此,必须看到的是,和传统化石能源与核能的利用相比较,日本对清洁能源技术的开发投入力度还远远不够。长期以来日本能源开发预算的 90% 以上都倾注在充分利用石油和核能资源上,多年来真正意义上的清洁能源开发及应用缺乏实质性的进展,清洁能源在日本能源结构中的比重多年来没有明显提高,见表 5-4。

表 5-4　清洁能源在能源结构中的比重比较表(%)

国家	2000 年	2001 年	2002 年	2003 年	2004 年	2005 年
日本	3.2	3.2	3.3	3.5	3.4	3
德国	3.1	3.4	3.8	3.9	4.3	5.3
瑞典	31.9	29.1	26.4	25.9	26.5	27.9
OECD 国家	6.1	5.8	5.9	6.1	6.1	6.1
世界	13.7	13.7	13.6	13.5	13.3	13

资料来源:OECD Factbook 2007:*economics,environmental and social statistics*,www.oecd.org/site

三、美国清洁能源发展政策与效果

2005 年 8 月,美国参、众两院通过了美国能源政策法案,该法案是自 1992 年以来美国首部、全面的能源政策法规。该法案在能源政策方面有明显的改进,其中包括:简化液化天然气(LNG)终端管理程序、提高电力能源供应稳定性、增加汽油供应后勤的灵活性、授权大幅增加美国国家战略石油储备。该法案还包括制定税收鼓励政策,提倡提高能源使用效率,呼吁使用清洁煤炭、核能、清洁能源和乙醇等。[①] 美国此次颁发的清洁能源法的重点是鼓励企业使用再生能源和无污染能源,并以减税等奖励性立法措施,刺激企业及家庭、个人更多地使用节能产品。

2009 年,奥巴马上台后不到一个月,就推出了总额近 8 000 亿美元的《经济复苏法案》,其重要内容之一就是发展清洁能源,积极应对气候变化。

---

① 宋玉春:《2005 年美国能源政策法案分析》,载《现代化工》2006 年第 3 期。

因此该方案也被誉为"绿色经济复兴计划"。美国众议院于 2009 年 6 月 26 日通过了《美国清洁能源与安全法案》，该法案是继 2008 年 LIBERMAN-WANNER 法案在参议院被否决后，美国国内最重要的气候法案。① 法案主题文本 1 400 多页，包含了清洁能源、能源效率、减少温室气体排放、向清洁能源经济转型、农业和林业相关减排抵消五个部分。

近几年，美国清洁能源开发的主要联邦推动政策包括：生产退税（PTC）、投资退税（ITC）和国家财政补贴计划以及税收加速折旧。清洁能源开发的主要州级推动政策包括州级清洁能源配额标准（RPS）计划，以及各种州级现金激励计划。此外，还包括其他联邦级和州级计划，该类计划对美国国内清洁能源设备的制造提供了支持，其中包括：①联邦贷款担保计划；②联邦生产退税；③联邦与地方财政激励计划，鼓励制造清洁能源设备；④联邦与州级研发基金。

（一）联邦生产退税、投资退税与国家财政补贴计划

1. 企业、公共服务机构节能

（1）《2005 年国家能源政策法案》提出，在未来 10 年内，美国政府将向全美能源企业提供 146 亿美元的减税额度，以鼓励石油、天然气、煤气和电力企业等采取节能、洁能措施。为提高能效和开发清洁能源，法案还决定将给予相关企业总额不超过 50 亿美元的补助。按照清洁能源法的要求，到 2012 年，美国炼油厂将达到生产 75 亿加仑酒精的规模，用于燃料，这将使目前的使用比例提升 1 倍。

（2）《2005 年国家能源政策法案》规定，2015 年联邦政府建筑物能耗要在 2003 年的基础上降低 20％，同时要为医院、学校等公共建筑提高能源效率的计划提供资金支持。

2. 个人节能

（1）《2005 年国家能源政策法案》推出了一个 13 亿美元的个人节能消费

① 王谋、潘家华、陈迎：《〈美国清洁能源与安全法案〉的影响及意义》，载《气候变化研究进展》2010 年第 4 期。

优惠预算方案,鼓励人们使用零污染的太阳能等。而在私人使用太阳能设备方面,购买太阳能设施 30%的费用可以用来抵税。此外,家庭安装专用的太阳能热水系统(不包括为游泳池和大型浴缸提供热水),可获得相当于成本 30%或 2 000 美元的减税。

(2)《2005 年国家能源政策法案》还鼓励消费者购买各种替代燃料汽车。例如,消费者若购买重量在 8 500 磅以内的氢能源车,最低可享受 8 000 美元的减税优惠,而购买超过 8 500 磅的氢能源车,还可享受更高的减税优惠。

(3)《2005 年国家能源政策法案》为更有效地利用日光,减少电灯照明以及家庭电器的使用,规定从 2007 年起,美国将原有"夏令时"时间再增加 4 周共达 7 个月。[①]

(二)清洁能源研发

美国政府通过《绿色经济复兴计划》在能源科研领域,宣布在 5 年内投资 7.7 亿美元成立 46 个能源前沿研究中心;3 年内拨款 4 400 万美元,促进核能技术升级;拨款 7.9 亿美元,推动下一代生物燃料的发展。在奥巴马 2009 年 12 月初宣布的促进就业新方案中,除了扶持小企业发展,加大对桥梁、铁路、公路等基础设施建设外,包括住房能效改造在内的清洁能源与节能领域的投资是重点之一。奥巴马政府还把温室气体减排方案与绿色技术创新联系起来,计划通过碳排放交易机制,在未来 10 年内向污染企业征收 6 460 亿美元,其中 1 500 亿美元将投入清洁能源技术的应用,以推动美国减少对石油和天然气等石化能源的依赖。[②]

《绿色经济复兴计划》还宣布未来 10 年美国政府还将投资 1 500 亿美元建立"清洁能源研发基金",用于太阳能、风能、生物燃料和其他清洁可替代能源项目的研发和推广,为使用此类能源的企业提供 250 亿—450 亿美元的税收抵免,并增加 500 万个就业岗位。在未来 18 年,美国的汽车燃料利用效率将提高至少 1 倍;美国还将提供 40 亿美元政府资金支持汽车制造产业

[①] 《美颁步 2005 国家能源政策法案》,见国际能源网,http://www.in-en.com/article/html/energy_1601160116127919.html。

[②] 梁慧刚、汪华方:《全球绿色经济发展现状和启示》,载《新材料产业》2010 年第 12 期。

升级,生产节能高效的混合动力汽车,到 2015 年节能车销量超过 100 万辆。

《绿色经济复兴计划》中用于清洁能源的直接投资及鼓励清洁能源发展的减税政策涉及金额高达 1 000 亿美元。根据该计划,到 2012 年美国电力总量的 10% 来自风能、太阳能等清洁能源,2025 年这一比例将达到 25%;为混合动力车和新燃料电池的开发提供 24 亿美元的资金,为购买节能型汽车的消费者减税,力争到 2015 年使美国混合动力汽车销量达到 100 万辆。奥巴马承诺,美国对替代能源的投资将创造多达 500 万个就业机会。①

按照《2005 年国家能源政策法案》中新的能源计划,美国将致力于挖掘和拓宽本土的能源供应并使其多样化,主要措施是鼓励兴建更多的电厂、炼油厂、输油管和核反应堆。清洁能源法授权美国在 2010 年前建一座新核能发电厂。为了满足未来的电力需求,美国清洁能源法规划在今后 20 年将建造包括核电站在内的 1 300 座电站。

《2005 年国家能源政策法案》在空调和冰箱等家用耗能电器的生产方面,节能标准将明显提高;对于洁能技术及新核能的研究开发,政府将提供贷款保证及其他方面的补贴,对于煤炭清洁利用方面的技术研发,政府将提供近 20 亿美元的援助资金。此外,该法案还希望到 2020 年氢能源车技术成熟到能够参与市场竞争的程度。为此,该法案规定,在未来连续 5 个财政年度中,联邦政府将拨款 21.5 亿美元,推进相关的尖端科技研发项目。

《2005 年国家能源政策法案》中天然气在本次能源政策转型中受到更多重视,该法案强调要扩大天然气在美国能源消费中的比重。在《2001 年美国能源政策报告》推出之际,天然气占到美国总能源消费比重的 24%,而 2006 年该法案则希冀采取各种手段实现天然气的多重用途,如强调应更多利用天然气发电和提高液化天然气的比重。美国能源信息署预计,天然气消费量将从 2003 年的 8 113 亿吨标准煤提高到 2025 年的 11 134 亿吨标准

---

① 《美政府近 20 亿美元支持太阳能企业》,见人民网,http://scitech.people.cn/GB/12050678.html。

煤,年均增长 115%,天然气在美国能源结构中的比重将提升到 27.1%。[①]

(三)退税政策

根据 1992 年《能源政策法案》及其修正案,联邦政府为部分清洁能源发电项目提供了通胀调整生产退税,其中包括风能、生物质能、地热、符合条件的水力发电以及海洋和流体动力发电等。2010 年,风能、闭环生物质能和地热发电的通胀调整退税额达 2.2 美分/(kW·h);其他符合条件的技术所获得的退税额为风力发电项目生产退税退税额的 50%[2010 年为 1.1 美分/(kW·h)]。在 2012 年年底之前投入运营的风力发电项目目前可获得 10 年生产退税,其他清洁能源技术的投产日期可延后 1 年(即 2013 年底之前)。[②] 在生产退税取消的 3 个年份(2000 年、2002 年和 2004 年),风力发电装机容量的增长速度出现明显停滞,而在生产退税预定期满之前的年份,风能开发项目则出现显著增加,由此可见生产退税对于清洁能源发电,尤其是风力发电行业的历史重要性。

联邦政府为其他能源项目提供了投资退税,其中包括太阳能、燃料电池和小型风电项目(均可获得相当于项目立项成本 30% 的退税)以及地热、小型燃气轮机和热电联产项目(均可获得相当于项目立项成本 10% 的退税)。目前,投资退税的受益对象为在 2016 年年底之前投产的符合条件的项目,其中地热项目退税未规定截止日期,而在 2016 年其他项目的退税期满后,太阳能发电项目的退税(除非进行延长)比例将调整到 10%。根据 2009 年《经济复苏法案》有资格获得联邦生产退税的清洁能源项目也可以(临时)选择投资退税,进而使符合投资退税要求的技术种类在短期内有所增加。

《经济刺激法案》通过税收加速折旧,清洁能源项目所有人可以对其大部分 5 年期资产进行税收折旧,不必在资产使用寿命估算期限内进行折旧。可享受 5 年加速折旧的清洁能源资产包括:太阳能、风能和地热。此外,对

---

① 《美国立法促进节能》,见学习时报网,http://www.china.com.cn/xxsb/txt/2008-03/18/content_12994943.htm。

② 《世界风电大国针对并网的支持政策和措施》,见中国风机网,http://www.chinafengji.net/detail-6848228.html。

于个别生物质能设施,其折旧期限为 7 年。大多数太阳能、风能和地热资产的 5 年期折旧政策自 1986 年便已开始执行。美国于 2008 年 2 月颁布的《经济刺激法案》规定,为 2008 年获批并投入运行的符合条件的清洁能源系统提供 50％首年奖励折旧。该规定于 2009 年和 2010 年相继进行了修改,并新增了其他清洁能源项目财政刺激方案。

2009 年《经济复苏法案》还推出了一份一次性"先进能源制造业退税"计划,可为新清洁能源制造企业投资提供 30％的退税。投资退税额为先进能源项目所需立项投资的 30％。该项目需用于建立、重新装备或扩建生产下列产品的制造企业:用于获取太阳能、风能、地热能或其他清洁能源的设备和/或技术;燃料电池、微型燃气轮机或用于电动或混合电力机动车的能量存储系统;用于提炼或混合可再生燃料的设备;用于开发节能技术的设备和/或技术(包括节能照明技术和智能电网技术)。

截止到 2009 年 10 月,所提交的 500 多份申请共申请第 48C 条退税超过 80 亿美元,超出该计划 23 亿美元限额 3 倍以上。2010 年 1 月初,43 个州的 183 个清洁能源制造项目获得了总计 23 亿美元的退税拨款。

尽管该政策的作用无法与联邦生产退税、投资退税和国家财政补贴计划相比,但与 15 年或 20 年折旧期相比,5 年折旧期可为风力发电厂提供 1 美分/(kW·h)左右的有效激励。[①] 因此,尽管该政策并非清洁能源增长的主要刺激因素,但其依然具有重要的意义,只是未得到充分的重视。与生产退税、投资退税和国库补贴政策相同,该计划也未对清洁能源项目所用设备的供应和制造做出任何规定或给予任何鼓励。

鉴于 2008 年年底的金融危机之后,市场上税收股权投资者的数量明显减少,2009 年 2 月《经济复苏法案》第 1603 条取代了生产退税或投资退税,为符合条件的清洁能源项目提供 30％的现金补贴。与生产退税和投资退税相比,30％的现金补贴可以为清洁能源项目提供大笔资金,尤其是在当前紧缩的金融环境下,通过税收激励计划刺激投资的难度很大。自 2009 年 6

① 《风电政策之美国:可再生能源配额制作用显著》,见中国储能网,http://www.escn.com.cn/2012/0919/585990.html。

月底该计划实施以来,共发放了约 50 亿美元现金补贴。例如,2009 年美国新投产的风力发电装机容量中有过 6 400MW,占 64％以上的新增装机,均选择了该补贴计划。① 符合条件的项目必须在 2010 年底之前开始动工才能获得该项补贴,届时若联邦法律未延长该计划的期限,激励措施将恢复调整为生产退税和投资退税。

(四)联邦贷款担保计划

2009 年《经济复苏法案》对《2005 年国家能源政策法案》中的贷款担保计划进行了扩展。通过该计划,联邦政府可为符合条件的机构提供债务担保,降低其商业风险,并提高低成本资金的可用性,其中,第 1703 条规定的原计划是以开发或采用创新清洁能源技术的项目为重点。② 该计划特别授权美国能源部(DOE)向"以避免、减少或隔离空气污染物或温室气体人为排放为宗旨,并采用最新技术,或在获得担保时,其所采用的技术比美国国内使用的商业技术有重大改进"的项目提供贷款担保。该计划还被授权为节能项目、清洁能源项目和高级输电与配电项目提供 100 亿美元贷款担保。

美国能源部积极推广的三种项目类型为:①制造项目;②独立电站项目;③可根据阶段式发展方案组合多种合格的清洁能源、节能和输电技术的大型综合项目。该计划可为美国的数个太阳能、风能和其他清洁能源制造企业提供有限贷款投资支持。2009 年 7 月,根据该计划,美国能源部针对采用创新节能技术、清洁能源技术和高级输电与配电技术的项目,发布了一份征求意见稿。

《经济复苏法案》也针对采用商业化技术的项目制定了一份贷款担保姊妹计划,即第 1705 计划。《经济复苏法案》扩大了能源部提供贷款担保的权限,并为该计划拨款 60 亿美元,但后被削减为 25 亿美元。根据该计划,能源部可以在 2011 年 9 月 30 日之前为符合条件的项目提供担保,其

---

① 《国外风电产业主要支持政策与措施》,见上海情报服务平台网,http://www.istis.sh.cn/list/list.asp? id=7694。

② 《美报告总结经济复苏法案对创新的影响》,见国家重大技术装备网,http://www.chinaeast.gov.cn/zhuanti/2010-10/30/c_1360810.htm。

中包括用于发电或生产热能的清洁能源项目,用于制造相关组件和电力传输系统的设施以及创新生物燃料项目。生物燃料项目的融资数额不得超过5亿美元。该计划对于采用更先进(当然也会有更大风险)技术的大型清洁能源项目的作用更为显著,例如太阳能热电(CSP)项目。[①]

截止到目前,仅有少数清洁能源项目从上述两个计划中获得贷款担保承诺,所以该计划对于清洁能源开发与生产的有效刺激并不突出。该计划未严格规定合格项目必须使用由美国公司生产的设备,因此初期贷款担保的提供对象是来自世界各地的公司。但是,任何获得贷款担保(不论是否由国内或国际企业开发)的制造设施必须位于美国境内。另外,"购买美国货"条款要求获得贷款担保支持的项目或设施必须最大程度使用产自美国境内的材料。"购买美国货"条款特别规定资金不得用于"公共建筑或公共工程的建设、修改、维护或修复等项目,除非该项目所使用的所有铁、钢和制成品均产自美国"。但部分条款提供了在个别情况下对该规定的豁免权。

(五)清洁能源交易市场

1.《美国清洁能源与安全法案》以市场作为解决资金问题的主渠道

以限额贸易体系为核心,该法案无疑是通过市场途径解决资金问题。限额贸易体系按一定比例免费发放或出售排放配额给该体系覆盖下的机构和企业,排放配额可通过市场进行拍卖。技术研发、适应行动以及国际援助等相关活动的主要资金渠道均来自于排放配额交易所获得的资金。为减轻对经济的影响,排放贸易体系在运行的早期阶段(2012—2026年),75%的排放配额是免费发放的,而整个限额贸易计划实施期间(2012—2050年),60%的排放配额为免费发放,仅40%配额以拍卖方式发放。

2.《美国清洁能源与安全法案》提出碳关税措施

法案对碳关税(边境调节税)实施对象范围进行了界定,对以下国家豁免征收碳关税:在国际协议中做出与美国相当的减排承诺的国家;与美国同

---

① 《美国能源部将结束可再生能源项目贷款担保计划》,见华尔街日报中文网,http://www.cn.wsj.com/gb/20110511/BUS020415.asp?source=article。

为特定国际行业协议成员国;具有行业能源或温室气体强度目标且这一目标低于美国以及最不发达国家;温室气体排放占全球份额低于 0.5% 的国家;占美国该行业进口份额不足 5% 的国家。[①] 如果到 2018 年 1 月,相关协议尚未达成,总统将可以签署建立"国际配额储备计划",该计划旨在对限额排放体系所涉及产业部门的国际竞争力实施保护,对来自尚未承诺具体减排目标国家(尤指发展中大国)的相应产品征收边境调节税。

(六)州级财政政策和经济政策

1. 州级清洁能源配额标准

在过去 10 年间,清洁能源配额标准是美国州级清洁能源技术应用中最常采用的配套政策形式。尽管清洁能源配额标准的形式各不相同,但其核心均是要求零售电力供应商逐渐增多对清洁能源的购买量;大部分行政区均允许清洁能源许可证交易,以提高配额标准执行的灵活性,也便于执行的考核。

自 20 世纪 90 年代末以来,清洁能源配额标准开始在美国各州快速普及。截止到 2010 年 10 月,美国 29 个州以及哥伦比亚特区均确立了强制性清洁能源配额标准目标。若该目标得到充分贯彻,则其将涵盖美国 56% 的零售电力销售。同时各州均在目标中规定了在销售中应达到的清洁能源百分比。尽管各政策的形式与最终执行目标存在较大差异,但大部分清洁能源配额标准计划均规定,截止到 2030 年,零售电力销售中合格的清洁能源比例应达到 15%—25%。[②]

在美国现行的所有州级政策中,清洁能源配额标准被认为是最重要的一项,尤其是在与补充政策配套执行时,该政策可促进清洁能源的大规模发展。美国 1998—2009 年增加的 37GW 非水电清洁能源装机容量中,已执行或即将执行清洁能源配额标准执行义务的州所占比例约为 61%(23GW)。

---

① 张茉楠:《加快经济转型全面应对碳关税冲击》,载《开放导报》,http:www.cdi.com.cn/detail.aspx? cid=3464。

② 刘洋:《未来三年美太阳能将年增 50%》,载《中国能源报》2009 年 12 月 14 日,http://paper.people.com.cn/zgnyb/html/2009-12/14/content_403652.htm。

现有的州级清洁能源配额标准政策均要求截止到 2025 年,新增清洁能源装机容量需达到 73GW 左右,届时将占美国当年零售电力销售的 6%,而预计 2000—2025 年负荷增长率将达到 30%;①若各州均提高其清洁能源目标(部分州政府已经开始提高其目标),或有更多的州开始采用清洁能源配额标准政策,则州级清洁能源配额标准政策所要求的清洁能源增加数量将会大幅提高。

截止到目前,风力发电项目受州级清洁能源配额标准政策的影响最为显著。1998—2009 年,在清洁能源配额标准政策的推动下,美国新增的清洁能源装机容量中,风力发电占 94% 左右;剩余的 6% 分别是生物质能、太阳能和地热。② 这是由于作为一种"市场刺激"机制,传统的清洁能源配额标准政策倾向于刺激对低成本和低风险技术的投资;在竞争过程中,通常不会选择高成本的技术。而近期,随着太阳能成本的下降,美国正在开发的联网型太阳能装机容量超过 20GW,并主要集中在加利福尼亚州和美国西南部地区。这意味着,在履行传统州级清洁能源配额标准义务方面,风能正面临太阳能带来的越来越大的挑战。

此外,州级清洁能源配额标准政策正越来越多地被用来支持更大规模的能源多样化发展,其中促进太阳能发展是清洁能源配额标准政策方案中一个普遍的目标。截止到 2010 年 10 月,在 30 个州的清洁能源配额标准政策中有 14 个包含了针对太阳能的"拨出保障计划",其中有 4 个州制定了分布式发电(DG)拨出保障计划,旨在为太阳能发电提供支持。③ 上述项目均要求部分清洁能源配额标准总体目标需通过合格的太阳能技术或分布式发电技术来实现。

州级清洁能源配额标准政策对符合条件的清洁能源做出了不同规定,

① 《能源绿色战略的国际比较与借鉴》,见硅业在线网,http://www.windosi.com/news/201304/414613.html。

② 《中国清洁能源投资再次超过美国》,见新华网,http://news.xinhuanet.com/yzyd/energy/20130419/c_115453512.htm。

③ 《加州 33% 可再生能源配额标准确保清洁能源未来》,见索比太阳能光伏网,http://www.solarbe.com/news/content/2011/4/16745.html。

但未规定清洁能源必须使用在美国或由美国公司制造的设备进行生产。部分州鼓励(或要求)符合州级清洁能源配额标准政策要求的清洁能源发电厂必须位于该州区域内,以提高当地就业率,促进本州的经济发展。各州的政策存在较大差异,甚至存在争议;个别州的政策甚至规定位于该州的清洁能源项目可不遵守关于跨州自由贸易的联邦法律。

2. 州级现金激励计划

许多州为清洁能源项目或制造企业提供现金激励,但通常仅限于位于该州区域内的项目或企业。最常见的激励类型是为户用/分布式太阳能发电设施提供预付折扣或基于发电量的补贴方式。通过配合州级净计量项目(美国大多数州所采用的形式各不相同),该计划已成为户用/分布式光伏应用的主要激励因素。例如,加利福尼亚州是美国最大的太阳能市场,而原因之一便得益于该州的户用/分布式光伏激励计划,该计划的目标是通过基于发电量的激励措施和预付折扣,在 2016 年之前部署 3 000MW 户用/分布式太阳能光伏。其他州(和公共部门)也制定了类似的或更适度的目标。目前,共有 27 个州以及哥伦比亚特区制定了针对户用/分布式清洁能源技术的各种现金折扣计划。[①]

有限的个别州对采用本地制造设备的太阳能设施提供更高的奖励,但该类政策相对较少。该额外奖励的发放对象包括美国公司和海外公司;政策的重点在于制造的地点,而不是公司本身的所有权。除了通过折扣和基于发电量的激励外,州级计划有时会通过贷款和其他融资计划为户用/分布式太阳能应用提供支持,或者为大型清洁能源设施与研发工作以及州内清洁能源设备制造企业提供支持。

各州的计划形式、资金来源和融资额度各不相同。但该类计划的资金大部分均来源于系统效益收费,即向由州政府、公共机构或指定第三方负责管理的零售电力销售征收的小笔费用或附加税。

截止到 2010 年 8 月,共有 18 个州以及华盛顿特区为清洁能源设置了

---

① 《加利福尼亚州领跑美国太阳能行业》,见人民网,http://env.people.com.cn/n/2012/1226/c1010-20022292.html。

系统效益收费。至 2017 年,该笔费用总额预计将超过 72 亿美元。该类计划对户用/分布式太阳能光伏的影响最大。1998—2008 年期间,在执行该计划的 13 个州中,融资总额约为 19 亿美元,共为 2 500MW 新增清洁能源装机容量提供了支持。[①] 在容量方面,风能吸收了最多的资金,其次分别是光伏和生物质能。而在实际资金和项目数量方面,光伏则占据首位,其次分别是风能和生物质能。

3. 州级与地方的制造业财政激励

各州、地区和城市通常也会推出各种激励计划,以吸引清洁能源制造企业。在选择位置时,制造商通常会与多个州和社区进行谈判,以获得最有吸引力的激励措施。各州和各社区所采用的激励措施通常存在较大差异,并非"标准化"措施,而是通过单独与制造商进行多次协商后达成。2009 年对各州计划的一份分析显示,在 19 个州共有 26 个用于吸引清洁能源公司的计划。针对公司营业税和财产税的退税是最普遍的计划,同时还有免税、折扣和减税等措施。少数州还提供补贴和贷款(包括贷款担保)。目前尚未获得关于上述激励措施绝对量的公开数据和关于其形式和普遍程度的定期公开信息。

4. 联邦级与州级研究开发基金

近 10 年间,美国联邦政府和部分州政府一直为清洁能源研发工作提供支持,包括为国家实验室和私人企业提供资金支持。凭借 2009 年《经济复苏法案》获得的资金,联邦级的支持活动在短期内有大幅增加,并由美国能源部根据各种目的进行拨款。为明确目前和后续的资金水平,美国能源部的清洁能源研发活动所需要的资金包括:太阳能需要 3.2 亿美元、风能需要 7 500 万美元、水力需要 3 000 万美元以及地热技术需要 5 000 万美元。2009 年,能源部专门拨款 2.4 亿美元用于清洁能源研发工作。长期以来,能源部的研发基金在发展科学领域、工程领域和应用领域的认知发挥了重要作用,使美国的清洁能源行业始终保持在创新的前沿。部分州也制定了针

---

① 《预计 2017 年全球变频器市场将超 190 亿美元》,见中国工业电器网,http://jdq.cnelc.com/Article/1/AD100158245_1.html。

对清洁能源的长期研计划,其中纽约州和加利福尼亚州致力于将本州打造成清洁能源创新和制造的中心。该基金中同样包括公共和私营部门在研发方面的投入。而随着各清洁能源行业的日益成熟和规模的扩大,私人基金也受到更多关注。

(七)奥巴马执政首期的清洁能源政策及政策成效

2008 年奥巴马竞选时力推清洁能源牌,上台伊始就推动国会通过了《复兴和再投资法案》,清洁能源产业在该法中占有重要位置。

1. 奥巴马政府清洁能源政策的内容

奥巴马入主白宫,无论是竞选口号还是当选后的政策措施,"清洁能源"、"绿色"、"环保"一直是其能源政策的主题。奥巴马上台后,相继出台了三个与清洁能源发展密切相关的法案,即《复兴和再投资法案》、《2009 年美国清洁能源和安全法》和《2010 年美国能源法案》,可见其清洁能源政策力度之大。归结起来,奥巴马政府的清洁能源政策主要包括:

(1)大力发展风能、太阳能等清洁能源,加大清洁能源技术开发,提高清洁能源发电能力。执政初期的奥巴马政府计划用 3 年时间将太阳能、风能和地热能等可再生能源发电能力提高 1 倍,计划到 2012 年,使美国发电量的 10% 来自可再生能源,2025 年这一比例将达到 25%。奥巴马曾多次表示新政府将在未来 10 年内投资 1 500 亿美元用于清洁能源产业。[1]这包括开发和利用清洁煤炭技术;投资建设数字化智能电网;资助替代能源研究,并为相关公司提供税务优惠,创造 500 万个新工作岗位,等等。[2]

(2)控制碳排放量。提高汽车燃料效率,制定全国低碳燃料标准(LCFS);制定国家建筑节能目标,提高建筑物的能效;支持强制性的"总量

---

[1] [美]巴拉克·奥巴马:《我们相信变革——重塑美国未来希望之路》,孟宪波译,中信出版社 2009 年版。

[2] *The Obama-Biden Plan*,http://change. gov/agenda/energy_and_environment_agenda/,2013-02-14。

管制与排放交易"制度。[①] 力争在 2050 年之前实现二氧化碳减排 80%,低于 1990 年的水平。[②]

(3)鼓励发展节能型汽车。美国政府将向福特、日产和加州电动汽车制造商 Tesla 提供数十亿美元的低息贷款,帮助它们重新装备工厂,以生产新一代电动汽车和其他低能耗车辆;联邦政府投资 40 亿美元支持汽车制造商发展混合动力汽车,目标到 2015 年使美国的混合动力汽车销量达到 100 万辆;为新型动力车的购买者提供 7 000 美元的减税。[③]

奥巴马政府希冀通过其能源新政重振美国经济,鼓励清洁能源技术创新,抢占全球经济的制高点;摆脱对中东和委内瑞拉石油的依赖,实现美国梦寐以求的"能源独立"目标;减少碳排放量,重夺美国在气候变化领域的国际话语权。在经济振兴计划中一半以上涉及能源产业,因此能源产业的转型和发展是奥巴马经济复兴计划的核心,奥巴马新政的目的就是要通过清洁能源产业方式再造美国经济增长,能源改革已经成为奥巴马经济振兴计划的命脉所在。[④]

美国皮尤智库(PEW)最新公布的一份名为《谁赢得清洁能源竞赛》的报告显示,2011 年,美国清洁能源投资较 2010 年上涨 42%,达到 481 亿美元,美国清洁能源投资额重夺全球第一。[⑤] 无论是太阳能、风能等清洁能源产业还是混合动力汽车,都依赖美国政府的高额税收补贴和财政支持,一旦政府撤销补贴和支持,其发展前景将更加堪忧。

① 该制度规定总量上限,引进市场交易机制,对所有污染额度进行拍卖,所有企业都必须通过竞标获得对其生产所致的二氧化碳的排放权;污染额度拍卖所得来的补贴,一部分将用于支持清洁能源的发展以及投资能源效率的改善并帮助发展下一代生物燃料和清洁能源运输工具。

② *The Obama-Biden Plan*,http://change. gov/agenda/energy_and_environment_agenda/,2013-02-14。

③ *The Obama-Biden Plan*,http://change. gov/agenda/energy_and_environment_agenda/,2013-02-14。

④ 高建、董秀成、杨丹:《奥巴马政府能源政策特点及对我国的影响》,载《亚太经济》2010年第 1 期。

⑤ 美国皮尤智库网站:http://www. pewenvironment. org/news-room/reports/whos-winning-the-clean-energy-race-2011-edition-85899381106,2013-01-13。

2.奥巴马政府清洁能源政策的实施效果

在清洁能源利用领域上,其主要集中于电力,根据美国能源信息署统计数据,新能源在电力方面的贡献率为 33%(其中核能 22%,可再生能源 11%),而在工业、居民生活及商业、运输及交通等方面,可再生能源的贡献率分别为 7%、7%和 3%。[①]

奥巴马政府能源新政的一个重要目标在于通过发展清洁能源产业刺激就业,希望通过发展清洁能源创造 500 万个就业机会。如 2009 年出台的"绿色就业与培训计划",投入 40 亿美元用于公共住房的节能改造,以创造"绿色就业岗位"。推动美国经济复苏和增加就业是当前奥巴马政府面临的最迫切任务。据美国太阳能产业协会的数据,奥巴马第一任期内,美国太阳能的应用率已激增 5 倍,装机容量超过 6 400MW,目前该行业已雇用 11.9 万名员工。

在控制碳排放立法方面,奥巴马政府积极推动《美国清洁能源安全法案》,该法案于 2010 年 6 月在众议院得到通过,随后该法案被提交参议院审议,由参议院提出最新匹配法案《2010 年美国能源法》,并获通过。与《2009 年美国清洁能源和安全法》相比,《2010 年美国能源法》规定的 2020 年全国温室气体减排目标有所降低,"总量管制与排放交易"制度整体推迟 1 年实施。

3."页岩气革命"正在改变奥巴马能源政策

页岩气以其独有的优势而受到青睐。与太阳能、风能等清洁能源相比,页岩气勘探开发前期投入更加少,更为廉价;而与煤和石油等传统能源相比,页岩气的碳排量更少,更为清洁,利于环保。

奥巴马一直受困于共和党对其能源政策的批评。共和党指责奥巴马政府一味重视"绿色"而推高了能源成本。由于奥巴马一直致力于清洁能源发展,所以在任期之内对于常规能源行业一直采取较多限制。尤其在 2010 年墨西哥湾漏油事件发生后,奥巴马更是短暂叫停了近海原油开采,这使得油

---

① U. S. Energy Information Administration,*Annual Energy Out-look* 2011,http://www.eia. doe. gov/forecasts/aeo/,2012-12-23.

价在此后1年内上涨。而此后1年内，由于担心环境污染，奥巴马拒绝批准美加油砂管道项目 Keystone XL，继而造成了美国常规能源供给的不足。

美国作为全球最大的石油消费国，消费量占全球的25%；然而作为常规储量仅占全球的2%，虽然美国能源产量已经接近于全球总产量的10%，但仍无法实现自给。因此，从这个角度上来看，奥巴马的清洁能源规划具有一定的前瞻性。然而清洁能源技术距离大规模普及仍具有极长的道路，故而在奥巴马任期内，美国虽然在清洁能源上投入大量资金，但奥巴马政府经济振兴方案中推动的"绿色复苏"至今并无多少成效可言，对于常规能源的替代作用也非常不明显。

新能源所发电的价格偏高。随着页岩气的发展以及天然气价格下降，天然气发电成为首选，根据美国能源信息署的预测，页岩气的产量增长使得美国国内天然气可能大比例取代煤炭应用于发电。同时，许多汽车也转向使用天然气作为燃料，这将进一步降低可再生清洁能源发展的动力。

奥巴马亟待寻求一条新的能源之路。因此，这场突如其来的"页岩气革命"同时给奥巴马以压力和机会。页岩气兼具清洁和廉价的优势，既契合奥巴马政府减少温室气体排放、发展绿色经济的目标，也节省了能源成本，使民众可以享受更为低价的能源。美国新任能源部部长埃内斯特·莫尼兹的上任说明奥巴马将会在其第二任期内加快发展页岩气等非常规化石能源的发展，同时继续给予清洁能源以高度重视。

美国国内能源供求平衡发生了逆转，供应逐渐大于需求是美国能源独立性增强的基础原因。在供应侧，"页岩气革命"使美国的原油产量从2006年的1.5百万桶/天增长至6.5百万桶/天，此外液化天然气、生物燃料、煤炭和可再生能源产量均有不同程度的增加。在需求侧，由于燃料替代物的普及以及能源利用效率的提高，美国能源强度明显降低，特别是每单位GDP所消耗的石油大大减少。由此，国际能源机构、英国石油公司、美孚石油公司和其他石油巨头均预测美国至少在北美地区15—20年间将达到石油自给自足的局面。

第六章 中国清洁能源国际合作战略

一、中国清洁能源发展现状及政策研究

中国的清洁能源政策和法规随着综合国力的发展不断演进。1995年，中央颁布了《关于清洁能源和清洁能源发展报告》和《1996—2010年清洁能源和清洁能源发展纲要》，提出了积极发展风能、太阳能、地热等清洁能源和清洁能源的政策导向。1995年颁布的《中华人民共和国电力法》是中国第一部专论能源的法律。2004年提出的《能源中长期规划纲要》强调把能源作为经济发展的战略重点，为社会提供稳定、经济、清洁、可靠、安全的能源保障，2005年11月发布了《清洁能源产业发展目录》，2006年1月正式实施《中华人民共和国清洁能源法》。2009年8月对《中华人民共和国清洁能源法》进行修订，均为国家进行推广清洁能源，节能减排的努力。

（一）限制性措施与政策

2002年1月30日国务院第54次常务会议通过《排污费征收使用管理条例》，2003年7月1日起施行。该条例规定："县级以上人民政府环境保护行政主管部门、财政部门、价格主管部门应当按照各自的职责，加强对排污费征收、使用工作的指导、管理和监督"；"排污费的征收、使用必须严格实行收支两条线"。《排污费征收使用管理条例》发布施行后，关于排污量的交易引起广泛关注。

2005 年 7 月，发展和改革委员会（简称"发改委"）发布《发改委关于风电建设管理有关要求的通知》，提出风电场建设的核准要以风电发展规划为基础，核准的内容主要是风电场规模、场址条件和风电设备国产化率。风电设备国产化率要达到 70％以上，不满足设备国产化率要求的风电场不允许建设，进口设备海关要照章纳税。①

　　2007 年 11 月，发改委发布《清洁能源汽车生产准入管理规则》，详述清洁能源汽车的分类并提出了不同的管理方式，明确了清洁能源汽车生产资格的要求。

　　2008 年 9 月，环境保护部、国家能源局、发改委发布了《关于进一步加强生物质发电项目环境影响评价管理工作的通知》。该通知规定："现阶段，采用流化床焚烧炉处理生活垃圾作为生物质发电项目申报的，其掺烧常规燃料质量应控制在入炉总质量的 20％以下。其他新建的生物质发电项目原则上不得掺烧常规燃料。"国家鼓励对常规火电项目进行掺烧生物质的技术改造，当生物质掺烧量按照质量换算低于 80％时，应按照常规火电项目进行管理。②

（二）支持性措施与政策

1. 研发领域

　　2006 年 11 月，农业部等印发《关于发展生物能源和生物化工财税扶持政策的实施意见》，实施弹性亏损补贴、原料基地补助，国家鼓励具有重大意义的生物能源及生物化工生产技术的产业化示范，以增加技术储备，对示范企业予以适当补助。具体补助办法财政部将另行制定。对国家确实需要扶持的生物能源和生物化工生产企业，国家给予税收优惠政策，以增强相关企业竞争力。

　　2009 年 7 月，财政部印发了《金太阳示范工程财政补助资金管理暂行办

---

　　①　《国家发展改革委关于风电建设管理有关要求的通知》，见中国日照网，http://www.rz.gov.cn/qysw/swzx/20050815084743.htm，2012-04-02。
　　②　《关于进一步加强生物质发电项目环境影响评价管理工作的通知》，见环境保护部网站，http://www.zhb.gov.cn/info/bgw/bwj/200809/t20080908_128308.htm，2012-03-03。

法》，由财政部、科技部、国家能源局根据技术先进程度、市场发展状况等确定各类示范项目的单位投资补助上限。并网光伏发电项目原则上按光伏发电系统及其配套输配电工程总投资的 50％给予补助，偏远无电地区的独立光伏发电系统按总投资的 70％给予补助。①

2009 年 3 月，国务院办公厅发布《汽车产业调整和振兴规划》，提出要形成 50 万辆纯电动、充电式混合动力和普通型混合动力等清洁能源汽车产能，清洁能源汽车销量占乘用车销售总量的 5％左右。并提出今后 3 年在新增中央投资中安排 100 亿元作为技术进步、技术改造专项资金，重点支持汽车生产企业进行产品升级，提高节能、环保、安全等关键技术水平。

2.生产领域

2006 年 1 月，实施《清洁能源发电价格和费用分摊管理试行办法》，对于风能发电、太阳能发电、海洋能发电实施政府定价。对于生物质能发电，补贴电价标准为 0.25 元/(kW·h)。发电项目自投产之日起，15 年内享受补贴电价；运行满 15 年后，取消补贴电价。自 2010 年起，每年新批准和核准建设的发电项目的补贴电价比上一年新批准和核准建设项目的补贴电价递减 2％。②

2006 年 11 月，国家发改委印发了《关于印发促进风电产业发展实施意见的通知》。该通知主要包括六点内容，即开展风能资源详查和评价工作；建立国家风电设备标准、检测认证体系；支持风电技术开发能力建设；支持风电设备产业化；支持开展适应风电发展的电网规划和技术研究；加强风电场建设管理，有序开发利用风能资源。

2007 年 7 月，农业部发布《农业生物质能产业发展规划》(2007—2015年)，规划提出的目标是到 2015 年，农村户用沼气总数达到 6 000 万户左右，年生产沼气 233 亿立方米左右；建成规模化养殖场、养殖小区沼气工程8 000 处，年产沼气 6.7 亿立方米。同时，建设一批秸秆固化成型燃料应用

①　《关于实施金太阳示范工程的通知》，见中国网，http://www.china.com.cn/policy/txt/2009-07/23/content_18186602.htm，2012-03-03。
②　《国家发展改革委关于印发〈可再生能源发电价格和费用分摊管理试行办法〉的通知》，见国家发展改革委网站，http://www.sdpc.gov.cn/jggl/zcfg/t20060120_57586.htm，2012-04-02。

示范点和秸秆气化集中供气站,利用边际性土地适度发展能源作物,满足国家对液体燃料的原料需要。①

2008 年 8 月,财政部印发《风力发电设备产业化专项资金管理暂行办法》的通知,中央财政安排专项资金支持风力发电设备产业化,对满足支持条件企业的首 50 台风电机组,按 600 元/kW 的标准予以补助,其中整机制造企业和关键零部件制造企业各占 50%,各关键零部件制造企业补助金额原则上按照成本比例确定,重点向变流器和轴承企业倾斜。②

2008 年 11 月,财政部印发《秸秆能源化利用补助资金管理暂行办法》,中央财政安排补助资金支持秸秆能源化利用。支持对象为从事秸秆成型燃料、秸秆气化、秸秆干馏等秸秆能源化生产的企业。对符合支持条件的企业,根据企业每年实际销售秸秆能源产品的种类、数量折算消耗的秸秆种类和数量,中央财政按一定标准给予综合性补助。③

2009 年 3 月,中央政府发布《太阳能光电建筑应用财政补助资金管理暂行办法》,对于城市光电建筑一体化应用,农村及偏远地区建筑光电利用等给予定额补助,2009 年补助标准原则上定为 20 元/Wp。④

2009 年 3 月,财政部住房城乡建设部发表了《关于加快推进太阳能光电建筑应用的实施意见》,提出了国家财政支持实施"太阳能屋顶计划",注重发挥财政资金政策杠杆的引导作用,形成政府引导、市场推进的机制和模式,加快光电商业化发展。⑤

2009 年 7 月,国家发改委发布了《关于完善风力发电上网电价政策的通知》,提出依照风电资源等级区分不同地区的分级上网电价政策开始在

① 《农业生物质能产业发展规划发布》,见证券之星,http://finance.stockstar.com/JL2007070300081958.shtml,2012-04-02。

② 《秸秆能源化利用补助资金管理暂行办法》,见中国网,http://www.biz178.com/hb/sanlishikong/410553.html,2012-04-02。

③ 《秸秆能源化利用补助资金管理暂行办法》,见中国网,http://www.biz178.com/hb/sanlishikong/410553.html,2012-04-02。

④ 《关于印发〈太阳能光电建筑应用财政补助资金管理暂行办法〉的通知》,见财政部网站,http://www.gov.cn/zwgk/2009-03/26/content_1269258.htm,2012-03-03。

⑤ 《关于加快推进太阳能光电建筑应用的实施意见》,见中国网,http://www.china.com.cn/policy/txt/2009-04/07/content_17562509.htm,2012-03-03。

2009 年执行。

2011 年,国家发改委发布《关于完善太阳能光伏发电上网电价政策的通知》,规定 2011 年 7 月 1 日以前核准建设、2011 年 12 月 31 日建成投产、国家发改委尚未核定价格的太阳能光伏发电项目,上网电价统一核定为 1.15 元/(kW·h)。[①]

2011 年 10 月国家发改委、财政部、住建部、能源局发布《关于发展天然气分布式能源的指导意见》,强调了发展分布式能源所具有的重要意义,明确了发展分布式能源的指导思想,并且提出了具有指导性的政策措施。

2012 年 10 月,发改委公布《天然气利用政策》,对天然气利用优先顺序进行划分,其中明确天然气分布式能源项目属于优先类。

3. 消费领域

2009 年 2 月,财政部发布《节能与清洁能源汽车示范推广财政补助资金管理暂行办法》,依据节能与清洁能源汽车与同类传统汽车的基础差价,并适当考虑规模效应、技术进步等因素确定。针对不同类型的商用车采取不同的补助标准。

2011 年,由工业和信息化部牵头制定的《节能与清洁能源汽车发展规划(2011—2020 年)》则对混合动力车的发展有所强化,提出 2015 年电动与插电式汽车保有量 50 万辆,中度与重度混合动力车保有量 100 万辆;2020 年中度、重度混合动力车年产量 300 万辆,电动与插电式保有量 500 万辆;未来 10 年中央财政补贴 1 000 亿元,另有地方补贴。其他政策还有,如《清洁能源行动》,首批选取了 18 个城市,尤以重庆市为代表,制定了《重庆市清洁能源行动计划》,总投资 284.96 亿元,其中水电建设等清洁能源工程投资最大。

(三)政策与措施效果

下面分别用图表和数据描述国家政策实施后清洁能源不同产业的发展情况。

---

① 《关于完善太阳能光伏发电上网电价政策的通知》,见清洁能源网,http://www.21ce. cc/policy/detail_28451.aspx,2012-03-03。

表6-1 中国清洁能源产业发展情况①

分类	投入商业运行的程度
水力发电	产业化程度高,非常成熟,盈利稳定,毛利率高
风力发电	规模不断增长,设备成本高,靠补贴电价,仅能维持盈亏平衡
太阳能	热利用较为成熟,处于世界领先地位;光伏发电受高成本制约,产业化程度远远不够
生物燃油	大多数地区处于研制阶段
乙醇	处于试点推广阶段,靠国家补贴盈利
地热能利用	拥有地热资源的地区大多已经开发,多依靠国家补贴
热泵	小部分地区正在小规模推广
燃料电池	基本上处于开发与研制阶段

1.太阳能

中国是全球太阳能热水器生产量和使用量最大的国家。在中国,太阳能热水器已基本实现了商业化,并带动了玻璃、金属、保温材料和真空设备等相关行业的发展,成为一个产业规模迅速扩大的新兴产业。2011年,中国太阳能热水器总产量为5 760万平方米,保有量为21 740万平方米,根据规划,太阳能装机预计在2015年达到21GW以上(含1GW光热),2020年达到50GW(含10GW光热),保守预计年均新增装机约3—5GW。② 同时,光伏产业及光热产业在产业结构上呈现集中度提高的趋势,中国电力投资集团公司、中节能、国电、中广核等代表性企业市场份额逐步增大,这也标志着该行业在逐步走向成熟。2011年光伏新增安装量达到2.2GW,位列全球第三。

表6-2 2000—2009年中国太阳热水器年产量和总保有量

年份	年产量(万平方米)	产量年增长率(%)	保有量(万平方米)	保有量年增长率(%)
2000年	640	—	2 600	—
2001年	820	28	3 200	23
2002年	1 000	22	4 000	25

① 资料来源:《2011年中国清洁能源产业发展研究年度报告》,赛迪顾问有限公司。

② 数据来源:《中国新能源产业发展报告2012》,全国新能源商会。

续表 6-2

年份	年产量（万平方米）	产量年增长率（%）	保有量（万平方米）	保有量年增长率（%）
2003 年	1 200	20	5 000	25
2004 年	1 350	12.5	6 200	24
2005 年	1 500	11.1	7 500	21
2006 年	1 800	20	9 000	20
2007 年	2 300	30	10 800	20
2008 年	3 100	32.5	12 500	15.7
2009 年	4 200	35.5	14 500	16
2010 年	4 900	16.67	16 800	15.86
2011 年	5 760	17.55	21 700	29.17

表 6-3　中国光伏年装机（2004—2011）

年份	2004	2005	2006	2007	2008	2009	2010	2011
离网光伏（MW）	8.8	7.4	9	17.8	19	18	25	20
并网光伏（MW）	1.2	1.5	1	2.2	21	142	475	2 180
年装机（MW）	10	7.9	10	20	40	160	500	2 200
累计装机（MW）	62.1	70	80	100	140	300	800	3 000

2. 风　　能

风电是目前最具成本优势的清洁能源，风力资源较好的地区的风力发电成本与燃油发电或燃气发电相比，已经具备成本竞争力。2009 年，中国风电机组今年新增装机容量达到 1 303.41 万 kW，新增装机位居全球第一。累计装机容量跃过 2 500 万 kW 大关，达到 2 627.63 万 kW，比 2008 年增长 98.4%。2011 年风电新增装机 1 800 万 kW，居全球首位，占全球新增装机的 44%；根据规划，到 2020 年总装机量将达到 1.5 亿 kW，上网电量约 3 000 亿 kW·h[①]。

---

① 数据来源：《中国新能源产业发展报告 2012》，全国新能源商会。

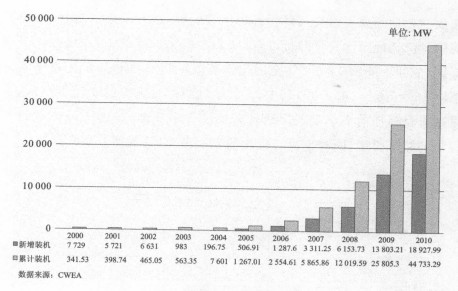

	2000	2001	2002	2003	2004	2005	2006	2007	2008	2009	2010
新增装机	7 729	5 721	6 631	983	196.75	506.91	1 287.6	3 311.25	6 153.73	13 803.21	18 927.99
累计装机	341.53	398.74	465.05	563.35	7 601	1 267.01	2 554.61	5 865.86	12 019.59	25 805.3	44 733.29

数据来源：CWEA

图 6-1　中国风电机组装机容量[1]

3. 生物质能

从理论上看，生物质能资源规模可达到 50 亿吨左右标准煤，为目前中国总能耗的 4 倍左右，其中农作物秸秆技术可开发量为 6 亿吨。根据预期，到 2015 年农林生物质发电将达到 800 万 kW，沼气发电可达 200 万 kW，垃圾焚烧发电为 300 万 kW，生物质成型燃料利用量为 1 000 万吨，生物质乙醇利用量将达 350 万—400 万吨，生物柴油利用量可达到 100 万吨，航空生物燃料利用量则将达到 10 万吨。2011 年，生物质发电装机达到 550 万 kW。[2] 综合来看，生物质能在中国具有广阔的发展空间。

4. 其　　他

2011 年，中国地热能发电累计装机达到 2.42 万 kW，海洋能发电累计装机达到 0.6 万 kW。

5. 发展清洁能源的政策效力

"十一五"期间，能源消费年均增长低于 7%，能源消费增长低于经济增

---

①　资料来源：中国风电协会。

②　数据来源：《中国新能源产业发展报告》，全国新能源商会。

长速度。根据国家发改委与环保部提供的资料,过去 5 年,中国通过节能提高能效少消耗能源 6.3 亿吨标准煤,减少二氧化碳排放 14.6 亿吨。全国单位 GDP 能耗下降约 19.10%,全国化学需氧量排放量和二氧化硫排放量分别下降 12.45% 和 14.29%,其中,二氧化硫减排目标提前 1 年实现,化学需氧量减排目标提前半年实现。尽管取得了许多成绩,但是中国清洁能源还有很长的路需要走,同时也具有极大的发展潜力(详见图 6-2 至 6-6)。

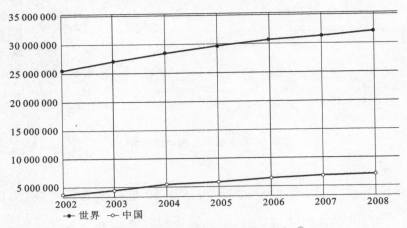

图 6-2 中国二氧化碳排放量(千吨)①

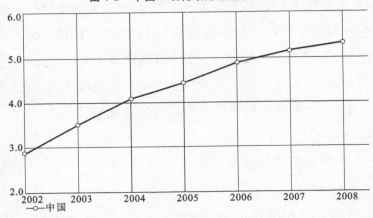

图 6-3 中国二氧化碳人均排放量(公吨)②

---

① 资料来源:世界银行。
② 资料来源:世界银行。

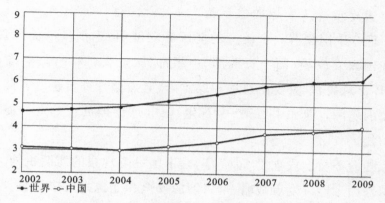

图 6-4 中国单位 GDP 使用能耗(吨标准煤/万元)①

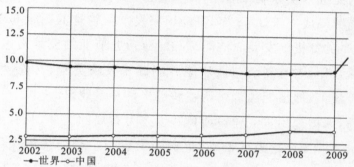

图 6-5 中国可替代能源和核能占能源使用百分比

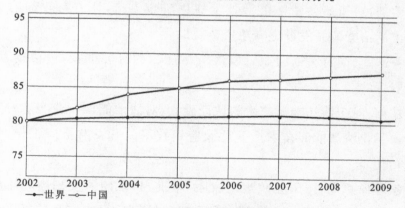

图 6-6 中国化石燃料消耗占能源总量百分比②

---

① 资料来源:世界银行。
② 资料来源:世界银行。

6. 中国发展清洁能源职能机构

由于现今中国没有一个统一的能源管理部门,中国各项能源管理职能仍分散在国家发改委、国土资源部、中组部、国资委、商务部、财政部、科技部、国家环保总局、国家安监总局和煤监局、电力监管委员会等。此外,其他一些主要的能源企业如中石油、中石化、国电等也担负着一定的能源生产、规划的职能。

国家能源委员会成立于 2010 年,是中国最高规格的能源机构。主要负责研究拟订国家能源发展战略,审议能源安全和能源发展中的重大问题,统筹协调国内能源开发和能源国际合作的重大事项。

国家能源局成立于 2008 年,是为国家发改委管理的国家局。在清洁能源领域,主要负责提出发展清洁能源和能源行业节能的政策措施,牵头开展展能源国际合作,参与制定与清洁能源能源相关的资源、财税、环保及应对气候变化等政策,提出能源价格调整和进出口总量建议。[①]

发改委:承担规划重大建设项目和生产力布局的责任,与有关部门共同牵头组织参加气候变化国际谈判,负责国家履行联合国气候变化框架公约的相关工作。多数政策法规都是通过发改委与其他部门共同签发。

财政部:对于研发清洁能源技术提供资金支持,地方财政部门进行配合。对于清洁能源开发设定专项资金补助。

商务部:会同有关部门制订发展清洁能源的有关事宜,包括技术引进、利用外资等。

科技部:对于清洁能源技术的认证验收,对清洁能源企业实施一定的技术支持。强化清洁能源技术产业化及应用技术的开发与推广工作,指导科技成果转化。

国家环保总局:按国务院规定权限,审批、核准国家规划内和年度计划规模内固定资产投资项目,并配合有关部门做好组织实施和监督工作。参

---

① 2013 年机构调整中,电监委和国家能源局进行了合并,为统筹推进能源发展和改革,加强能源监督管理,其主要职责是,拟订并组织实施能源发展战略、规划和政策,研究提出能源体制改革建议,负责能源监督管理等。改革后,国家能源局继续由发展改革委管理。

与指导和推动循环经济和环保产业发展,参与应对气候变化工作。

国家节能中心:发改委直属事业单位,主要职责有承担节能政策、法规、规划及管理制度等研究任务;受政府有关部门委托,承担固定资产投资项目节能评估论证,提出评审意见;组织开展节能技术、产品和新机制推广;开展节能宣传、培训及信息传播、咨询服务;受政府有关部门委托,承担能效标识管理;开展节能领域国际交流与合作等。

二、中国发展清洁能源的障碍及突破口

中国发展清洁能源既存在机制障碍,也存在技术和资金障碍,虽然颁布了不少的条例和政策,但政策执行的力度依然不够,还有提高政策效力的很大潜力。

(一)政策实施的主要障碍

中国发展清洁能源有以下六大障碍:分别为"政策环境障碍"、"机构体制障碍"、"信息传播障碍"、"投资障碍"和"技术产业化障碍"。

政策环境障碍主要体现在环境政策和经济激励政策两方面:在环境政策方面中国存在缺乏排放标准、执法力度不够和排污罚款的使用不公开三大问题;而在经济激励政策方面则为能源服务经营活动权限的不明确以及缺乏具体的投资政策、价格政策和税收政策等制度缺失。

机构体制障碍表现为:信息传播机制和机构的缺乏、投融资机制的不顺、行业协会作用发挥的不充分和服务公司的缺少。

信息传播障碍表现为:技术信息少、市场信息差、公众环境意识差和财务经济信息缺失。

投资障碍表现为:无滚动基金、无二级资金市场、商业贷款立项审查过程长导致的融资渠道单一;市场确认程度低、招商标准和商务计划缺失导致的市场潜力的无法释放。

技术产业化障碍表现为:技术保障与服务体系不完整、技术开发不完善和缺乏技术规范化标准化。

按照清洁能源行业内话来讲,清洁能源产业发展今后需要解决的主要

政策问题集中在对五组关系的处理上：①"经济性"与"先进性"的关系；②"小规模分布式"和"大规模集中式"的关系；③"发挥市场机制作用"与"国家引导"的关系；④"传统能源清洁利用"与"发展可再生能源"的关系；⑤"财政补贴"与"效率"的关系。

(二)寻找更多发展资金突破发展障碍

近几年来清洁能源产业吸引了大量的资金投入，尤其是太阳能、风电领域，这其中又以中国和美国居于领先地位。

1.中国清洁能源发展投资现状

就中国而言，中国清洁能源资源总量大，分布广，对发展清洁能源产业提供了优厚的条件。中国水能资源技术可开发装机容量为5.4亿kW，世界排名第一；太阳能资源非常丰富，2/3的国土面积年日照小时超过2 200小时；可利用风能资源约10亿kW。生物质资源可转换潜力约5亿吨标准煤。[①] 另一方面，中国宏观经济的稳定快速前进为清洁能源产业的发展提供了坚强的后盾和广阔的市场，政府的支持引导也加速了其发展的进程。这些都充分体现在清洁能源产业的投资、融资方面。据图6-7显示，特别是2008—2010年，投资规模急剧上升，金融危机对中国清洁能源产业投资的影响并不十分显著。

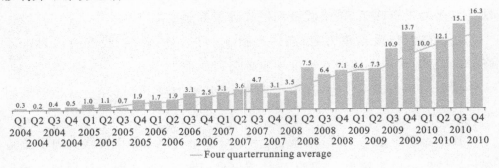

图6-7 中国清洁能源产业投资情况(2004—2010年,分季度)(单位:10亿美元)

资料来源：清洁能源学会

---

① 朱永芃：《清洁能源——中国能源产业的发展方向》，载《求是》2009年第24期。

具体以太阳能光伏产业为例,2009 年光伏行业完成投资至少在 515 亿元,主要集中在多晶硅材料及硅片加工领域。而融资方面,开始呈现多元化特点,包括私募、海外上市、A 股上市、借壳上市等多种方式。由于中国光伏产业发展时间相对较长,光伏企业的数量和规模上也有了一定提升,该产业上市融资成为主流。截至 2010 年 2 月,国内共有 16 家光伏企业在海外上市,2 家光伏企业在 A 股市实现首发上市,此外,A 股市场还有 17 家上市公司通过各种方式参与光伏产业。[①]

表 6-4　2008—2009 年海外上市的光伏企业融资情况

公司名称	融资方式	发行时间	融资额(万)
江西塞维	增发美国存托股票(ADS)	2009-12-23	＄11 101.44
无锡尚德	增发美国存托股票(ADS)	2009-05-29	＄27 700.00
	尚德电力与国际金融公司(IFC)签订可换股贷款协议	2009-06-30	＄5 000.00
卡姆丹克	私募股权投资	2009-03-30	＄2 000.00
	香港交易所创业板首发上市	2009-10-30	HK＄58 700.00
保利协鑫	与中国投资有限责任公司达成了有约束力的框架协议(20.9%)	2009-11-19	HK＄550 000.00
阳光能源	台湾交易所上市发行存托凭证	2009-12-04	HK＄22 312.70
浙江昱辉	纽交所上市发行美国存托股票(ADS)	2008-01-29	＄13 000.00
	增发美国存托股票(ADS)	2008-06-23	＄18 700.00
晶科能源	获得中以基金、深圳创新投资集团及以色列风投基金 Pitango 等风投机构投资	2008-10-17	＄6 000.00
东营光伏	在欧洲交易所创业板首发上市	2008-08-14	＄8 474.00
阳光能源	香港交易所首发上市	2008-03-31	HK＄67 070.00
晶科能源	获得中以基金、深圳创新投资集团及以色列风投基金 Pitango 等风投机构投资	2008-10-17	＄6 000.00

资料来源:清洁能源学会

---

　　① 　数据来源:清洁能源学会光伏专委会。

表 6-5   2008—2009 年 A 股上市的光伏企业融资情况

公司名称	融资方式	发行时间	融资额（亿元）
拓日新能	深圳中小板首发上市	2008-02-13	4.32
特变电工	公开增发，主要投向电力设备项目，未投向光伏产业	2008-07-31	15.6
中环股份	向大股东定向增发，收购环欧公司 31.38% 的股权，环欧公司主营电子级单晶与硅片	2008-05-26	3.99
天龙光电	深圳证券交易所创业板，首发上市	2009-12-16	9.09
三安光电	定向增发，主要投向 LED 相关产业	2009-09-29	8.19

资料来源：清洁能源学会

值得一提的是在金融危机的影响下，国内一些光伏企业遭受了严重的打击，上市融资也变得更加困难。于是，借壳上市成为另一种方式。引入江苏中能硅业科技发展有限公司（以下简称"江苏中能"）的案例来说明：江苏中能于 2006 年 3 月成立，成立之初投资 70 多亿主要用于多晶硅的生产。按其规划，第三期生产线将达到产能 15 000 吨，建设完成后多晶硅年产能将达 18 000 吨，2010 年则有望成为全球三大多晶硅厂商之一，但是 2008 年的金融危机阻止了它的继续前进。受金融危机影响，多晶硅价格迅速从 2008 年上半年的 480 美元/kg 跌到 2009 年初的（50—60）美元/kg。公司的净利润和销售额受到严重挫伤，直接上市融资也不具备条件。2009 年 6 月底，市值仅 27 亿港元的保利协鑫（03800. HK）宣布收购江苏中能的全部股权，收购金额高达 263 亿港元。由此，江苏中能成为国内纯硅料公司海外上市的第一例。

2. 清洁能源产业融资要求

清洁能源产业是资本和技术密集型的产业，清洁能源项目的开发建设初期投资大、建设时间长、投资回收期长，而技术研发也具有高风险和高回报的特征，对融资要求规模大，时间长。而且清洁能源产业目前正处于产业化和商业化的转换阶段，开发成本相对较高，所以内源融资不能满足产业发展的需要，只有在政府的支持和政策导向的前提下，企业通过多元化的渠道进行融资。

以水电行业的开发建设为例,一般来说大中型水电站的建设周期为5—10年,其间的物价变化、银行利率的变化都会影响整个工程的造价,给项目带来较大风险。水电站的建设初始投资大,回收周期长,因此水电企业资产负债率较高,给开发企业带来较大的资金压力。又比如太阳能光伏行业,目前安装一个每年可以发电 3 000kW·h 的太阳能发电厂,要花费 15 万—20 万元。对于终端用户以及想要发展太阳能光伏业务的小企业来说,他们都缺乏合适的融资机制。

2011 年 9 月中国国家发改委出台的《节能环保产业发展规划》,确定了节能产业和环保产业在"十二五"末的产值约为 2.2 万亿—2.4 万亿元,分别囊括了装备制造、技术研发、产品开发的全产业链。为实现这 4 万亿产值,需要大量的资金投入,融资所采用的主要方法是建立银行绿色评级制度,将绿色信贷成效与银行机构高管人员履职评价、机构准入、业务发展相挂钩。①

3.清洁能源现行融资制度分析

为了方便更完整地剖析当下清洁能源产业的融资制度体系,我们设计了一个全面的分析框架,由"组织模式"、"运行模式"、"政策环境"和"渠道建设"四个维度构成。

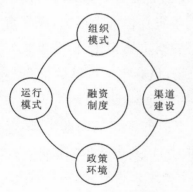

图 6-8　融资制度分析框架

（1）融资制度组织模式。从中国清洁能源产业的融资现状来看,融资制度的组织模式主要包含了三个层次的内容:①银行体系;②资本市场;③政府。

前期参与清洁能源产业投融资的主要是政策性银行和商业银行。以国家开发银行为主的政策性银行是支持清洁能源产业发展的重要力量,也是国家政策对清洁能源产业信贷支持的体现。以农业发展银行为例,通过研究

---

① 国务院:《"十二五"节能减排政策清单公布节能环保产业四万亿产值在望》,载《经济参考报》2011 年 9 月 8 日。

农村能源产业发展的前景和需求,扩大对农村能源产业,如沼气能源开发的信贷服务范围。但是,政策性银行的数量和信贷规模有限,难以满足清洁能源产业巨大的资金需求。商业银行方面,国内各大商业银行对于清洁能源项目的投资具有一定规模,但整体上持谨慎的态度。由于商业银行资金的投放具有规模效应,大多集中在国有大型企业的大型清洁能源开发项目,如风能或太阳能并网建设和分布式能源的试点工程,并不能切实有效地解决众多中小企业的融资困境。总体而言,在当前中国商业银行和政策性银行的金融资本有限,贷款也受到严格限制的条件下,过分依赖于银行体系的融资模式将受到威胁。

随着中国资本市场的进一步发展,清洁能源产业在资本市场的融资规模也越来越大,尤其是在股票市场,债券市场相对较为薄弱。另外,也初步涉及了一些基金、风险投资领域。在国内的股票市场,清洁能源企业群体是创业板和中小板的重要上市资源。大批清洁能源企业纷纷上市,其中除了大型国有企业,也有民营中小企业的身影。能源板块市值从1993年的33.3亿元快速增加到2006年的1 120.7亿元,增加了32倍多。截止到2009年底,全球上市的清洁能源企业有170多家,其中中国企业近60家,所占比例超过30%。说明清洁能源产业在股票市场中的筹资规模大大增加,证券市场在清洁能源融资渠道中的作用逐渐加大。与股票市场相比,债券市场的发展显得相对滞后。一般来说在一个成熟的市场,债券市场可以承受60%以上的融资总额。截止到2009年底,美国债券市场余额已达34.75万亿美元,相当于同期美国信贷余额的4.8倍、股票市值的3倍。而在中国,约80%的企业融资来自银行贷款,直接融资比重很小,债券市场余额仅相当于银行信贷余额的41%、股票市值的70%,债券市场生长相对滞后。[①] 而且,债券品种有限,只有短期融资券、可转换公司债、可分离交易公司债以及上市公司债等。因此,清洁能源产业在债券市场的融资尚不活跃,存在很大的发展空间。

---

① 马晓微:《我国未来能源融资环境展望与融资模式》,载《设计资本市场》2010年8月。

基于清洁能源产业目前的发展阶段以及其高投入、高风险的特征属性，如果没有政府强有力的支持及政策导向，靠其自身能力是无法形成大规模发展的。所以政府作为最后一个组织体系，对于清洁能源产业的融资发展确是至关重要的。政府对清洁能源产业的融资支持包含两个方面的内容：A.直接给予资金支持或税收利率优惠，如设立清洁能源相关的专项资金、颁发投资补助、贴息贷款等；B.间接从法律或政策上进行引导，健全清洁能源产业融资制度，为清洁能源企业的融资提供便利。中国政府始终将清洁能源放在战略性产业的发展地位，从支持到引导，在清洁能源产业的发展中发挥了举足轻重的作用。

　　（2）融资制度运行模式。融资制度的运行模式即资金的运动过程，具体而言，是指动员资本和配置资本。中国是社会主义市场化国家，融资模式也以市场型融资为主，因而融资制度的运行模式分为三层含义：①市场化动员资本。通过多种融资渠道，利用市场机制筹集社会资本。基于市场化交易的互利原则，吸引个人和机构内部的闲置资本，以求将资源利用最大化。②市场化配置资本，即通过市场经济的价格机制和竞争机制，为稀缺的储蓄选择投资机会，把储蓄投向社会边际生产率最高的地方。[①]而在这个资金筹集到配置的过程中，如何保证融资的效率也是融资制度的运行模式中需要考虑的范畴。③通过国际合作，最大限度地获取境外资金。

　　从中国近年储蓄率来看，2002年后，储蓄率开始显著上升，且以居民储蓄平稳增长，企业储蓄明显上升为突出特点。中国的储蓄率从1998年前后的37.5％升至2007年的49.9％，其中企业可支配收入占国民可支配收入的比例从1997年的13％升至2007年的22.5％。[②]这些数据说明，中国储蓄充足，有大量可利用资本应用于清洁能源产业。当前，在清洁能源产业的融资领域已出现多种渠道和机制来动员这些资本，如通过引导民间资本进入证券市场、建立风险投资机制引导资金投向清洁能源项目等。将募集的

　　①　张宗新：《中国融资制度创新的模式构建与路径选择》，载《经济研究参考》2002年第12期。

　　②　周小川：《关于储蓄率问题的思考》，载《金融时报》2009年3月25日。

资金投向最有利可图的地方是配置资本的原则,当然是在利益与风险相对的情况下。以清洁能源产业的风险投资为例,资金从投资者流向风险投资公司,形成风险投资基金,经过风险投资公司对申请风险资本的项目和企业进行筛选,将筹集到的风险资本注入到风险企业。通过风险企业的运作,资本得到增值,再流回到风险投资公司,公司再将利益回馈给投资者,形成投资者、风险基金(风险投资公司)和风险企业三位一体完整的资本循环。

(3)融资制度政策环境。在有关组织模式的章节中,谈到政府层次的内容,区分为直接支持和间接引导。此处,政策环境指的是第二层含义,即间接从法律或政策上进行引导,健全清洁能源产业融资制度,为清洁能源企业的融资提供便利。在这些法律及政策文件中,居于核心位置的是《中华人民共和国清洁能源法》,另外还有《清洁能源和清洁能源产业发展"十五"规划》、《清洁能源中长期发展规划》以及《清洁能源发展"十一五"规划》等。

根据《中华人民共和国清洁能源法》的规定,中国政府对于清洁能源产业融资从财政专项资金、金融机构贴息贷款以及税收优惠等方面予以支持,如:通过设立清洁能源发展专项资金支持清洁能源项目的建设。项目内容可包括开发利用技术的研究、相关标准的制定、清洁能源的资源勘查与评价、清洁能源示范工程建设、利用设备的本地化生产等;对于列入中国清洁能源产业发展目录并符合信贷条件的项目,金融机构提供具有财政贴息优惠的贷款;对位列清洁能源产业发展指导目录上的项目,中国政府部门予以税收优惠支持。[1]

2006年10月,财政部发布《清洁能源发展专项资金管理办法》,对于《中华人民共和国清洁能源法》中规定的专项资金的设立和管理做出了更为详尽的解释和规范。国家发改委于2007年6月公布了《中国可再生资源中长期发展规划》,倡导对清洁能源的各种政策倾斜,如补贴、税收优惠等。由于清洁能源融资方式的不断发展和更新,现行的法律及政策已不能完全覆盖,尚有一些方面得不到法律或政策保障。譬如,在清洁能源产业逐渐兴起的

[1] 中华人民共和国全国人民代表大会:《中华人民共和国清洁能源法》,中华人民共和国2005年2月。

产业投资基金,当下中国尚没有关于产业投资基金的法律,故而还缺乏体制性保障和投资者退出渠道的建立,阻碍了清洁能源产业投资基金的进一步发展。

（4）融资制度渠道建设。随着清洁能源产业的不断发展,其融资渠道也得到了拓宽和完善,就目前渠道建设的现状而言,呈现出以下特点。

传统银行融资受到限制,不能满足资金需求。银行放贷集中在控制风险上,较为谨慎,对于清洁能源这种高风险且投资时间长的产业贷款有一定限制,如授信总量少、利率上浮、担保条件苛刻等。目前商业银行的贷款多集中在国有大型企业,如果民营清洁能源企业与国有企业合作,贷款的获得相对比较容易。另外,技术也是一项硬性要求,拥有核心技术的中小企业在申请银行贷款时具有较大优势。这也体现了银行对于清洁能源企业技术风险的考虑。

上市门槛过高,债券市场发展滞后,导致直接融资模式受到挑战。应该说,阻碍清洁能源产业直接融资发展归于中国证券市场环境的尚不完善。受中国证券法规定的影响,清洁能源公司面临融资方案审批时间长、上市过程复杂、上市门槛高及增资扩股带来股权稀释甚至丧失控制权的风险。[①] 另外,对于清洁能源产业的中小企业而言,由于自身的经营特点和竞争需要,公开上市所要求的信息完全披露可能会造成其相关产品信息和经销渠道的暴露,使其丧失企业的竞争优势,所以公开上市也更具有谨慎性。发行企业债券本来是能源企业低成本融资的重要渠道,一些大型能源企业已经做过这方面的探索,发行过上百亿元的债券进行融资,但清洁能源企业在这方面的尝试还较少,有待债券品种的丰富和规模的扩大。

风险投资仍然处于起步阶段,退出机制是发展的瓶颈。风险投资,又可称为"创业投资"。广义的风险投资泛指一切具有高风险、高潜在收益的投资;狭义的风险投资是指以高新技术为基础,生产与经营技术密集型产品的投资。清洁能源产业技术密集型且高风险、高回报的特性,与风险投资的特

---

① 蒋先玲、王琰、吕东锴:《清洁能源产业发展中的金融支持路径分析》,载《经济纵横》2010年第8期。

征不谋而合,因而获得了不少风投机构的青睐。国家也给予风险投资一定的政策支持。2005年11月,中央十部委联合颁布了《创业投资企业管理暂行办法》。在此文件中,国家对于创投资本给予了极大的政策优惠,在企业组织结构、法律保护方面都有相关支持。然而,当前清洁能源领域的风险投资并未形成一定规模,这主要归咎于风投资本退出机制的不完善。风险投资机构主要通过IPO、股权转让和破产清算三种方式退出所投资的创业企业,实现投资收益。但中国资本市场的现状尚未能在退出渠道和机制方面提供保障。

政府资金支持是清洁能源企业起步阶段有力的推动力,政府主导是尚德电力取得成功的重要经验,但尚德模式不可复制。2001年,由无锡市政府风险投资600万美元、施正荣负责技术加资产入股200万美元成立合资公司尚德电力。在创业股东中,有一半以上是政府投资的国有企业。之后无锡市政府以争取国家、省、市各级项目的方式直接为尚德提供了千万计的研发支持资金。2004年,为了帮助尚德电力进入国际资本市场,市政府再次将自己投入尚德的资金确认为政府风险投资,尚德国有股东变现股份收益后依次退出。政府扶持了尚德这样一个清洁能源企业的崛起,不过,在市场经济的大环境下,这样的模式是不能被一一复制的。尤其是,目前清洁能源发展已越过了起步阶段,政府发挥的应该是支持作用,而非主导作用。

未来清洁能源公司必须具有以下几大特征:技术垄断权、规模优势和降低成本的能力。在选择具体的行业进行个人投资时,投资者一股脑该注意该公司是否具有激素创新的潜力,是否具有将创新技术迅速地大规模推出市场,从而降低成本的能力。[①]

4. 国外发展清洁能源融资案例

新西兰的分布式发电,即设在用户端的设备系统生产的电力优先就地使用,富余电力输出到总电网,或出售给其他用户、零售商或市场。当前新西兰的分布式发电系统装机容量达900MW,其中86%利用清洁能源。新

---

① [美]理查德·W·阿斯普朗德:《清洁能源投资》,杨俊保、何西培、谢婷译,上海财经大学出版社2009年版。

西兰清洁能源占其能源消费结构的 40%，在国际能源机构成员国中，这一比例仅次于冰岛。通过发展多种类的清洁能源，2011 年新西兰清洁能源发电量占总发电量的比例已达 77%。新西兰政府的目标是最大限度发挥能源的潜力，包括发展多样性能源资源、注重环境责任、高效利用能源、提高能源使用的安全性和可负担性。为解决发展分布式清洁能源发电系统面临的困难，包括前期融资、数据采集、资源和建筑的许可、富余电力出售、环境外部性等方面存在的问题，2008—2010 年新西兰政府为 30 个项目融资 44.7 万美元，同时努力解决信息难题，发展分布式发电市场，促进项目的商业可行性，并提升社会整体对分布式发电的认知。①

三、中国清洁能源国际合作战略及对策

国际能源机构于 2012 年 4 月发布了首份清洁能源发展报告，报告评价了全球清洁能源技术的部署，同时对清洁能源未来的行动和投资提出了建议。报告对清洁能源技术的主要政策制定情况和研究、发展、示范与部署方面的公共开支以及全球发展现状进行了介绍。报告显示，尽管煤炭在能源供应中持续发挥着主要作用，但从过去 10 年的发展来看，由于政策支持，清洁能源发展已经取得了一些明显的进展，但是世界各国仍然需要将各项支持政策强有力地持续下去，否则清洁能源发展将面临打击，2020 年及以后时期的减排目标也将很难完成。国际能源机构建议，各国应当采取更加强有力的清洁能源政策，包括取消化石燃料补贴和实施透明、可预测和适当的清洁能源选择激励机制等。

报告认为，国际合作也是确保这一发展势头和解决差距的关键。发达国家在清洁能源和节能减排领域拥有先进的技术和充足的资金，而发展中国家则拥有广阔的发展前景和市场潜力，只有国际间密切地交流合作充分发挥各国优势，才能共同推动清洁能源更加快速的发展。如，清洁能源部长级会议在加快政府和企业的技术部署和跟踪全球进展方面提供了独特的机会。

---

① 《亚太经济合作组织国际会议暨分布式能源论坛会议论文》，上海，2012.12.11—14。

(一)中国能源国际合作现状及趋势

20世纪90年代初,中国开始实施"走出去"战略,积极开展能源国际合作。自1993年成为成品油净进口国,继而1996年成为原油净进口国。如果把1993年设为中国能源国际合作的元年,那么2013年正好是第二十年,2013年又恰逢中共十八大召开后的第一年。展望将来,新政治周期已经开始,中国能源国际合作面临着更大的机遇与挑战。

过去20年,中国能源国际合作取得了显著成绩,并进入了全面快速发展阶段。

1.能源外交取得了重大成效

通过政府高层互访和各种首脑峰会等方式,中国与世界多个国家签订了政府间能源合作协议,并与多个国家组织签署了能源合作框架协议,为中国开展对外能源双边与多边国际合作奠定了扎实基础。

2.形成了多个油气国际合作区域,获得了相当规模的权益油气资源

中国在全球33个国家执行着100多个国际油气合作项目,建成了五大国际油气合作区,主要包括以苏丹项目为主的非洲地区,以阿曼、叙利亚项目为主的中东地区,以哈萨克斯坦项目为主的中亚—俄罗斯地区,以委内瑞拉、厄瓜多尔项目为主的美洲地区以及以印度尼西亚项目为主的亚太地区,形成了中国开展国际油气资源合作的全球性区域格局。2011年,中国油气企业海外油气权益产量突破8 500万吨油当量。

3.建立了对外能源贸易体系

初步建立了以石油、液化天然气、天然气、煤炭、铀矿为主的能源进出口贸易体系,以油轮为主、管道为辅和少量铁路运输,国际市场上以现货、期货及长期购买协议等多种方式结合。

4.中国能源公司极大地提高了其自身国际竞争力

中国能源公司不但掌握了国际能源合作项目运作模式,积累了丰富的资本运作、合同谈判等方面的经验;海外投资效益也不断提高,实力不断壮大。2012年中国海洋石油总公司(以下简称"中海油")、中国石油天然气集团公司(以下简称"中石油")两大公司齐肩并进加拿大可为体现。

2013年,中国能源国际合作面临着更大的挑战与机遇。随着气候变化问题在全球展开的日益激烈的讨论,一场新的工业革命已初现端倪,它将彻底改变世界经济和人们的生活方式。工业革命的基础为能源革命,这次能源革命使得人类生产与利用的能源品种发生变革,如2009年开始的页岩气革命,从常规油气向非常规油气发展;人类生产与利用能源的方式发生变革,如分布式能源的使用。这些都将使国际能源与环境问题获得一个解决的重合点,即一种低碳的、永续的发展方式,合作领域大大拓宽。在中央政府建设生态文明的纲领的指引下,中国的能源发展将日益体现这种精神。

同时,围绕着世界治理权和话语权的变革正在展开,能源安全概念从旧有的需求侧向消费、从能源本身向更高经济性以及强调环境性与安全性发展即所谓的3E＋S①发展。中国能源国际合作不仅担负着保障传统能源安全的重责,更承担着传统能源安全外溢的其他安全需求。但行政审批程序较繁琐,合作协调机制尚待完善;国际能源合作资金有待国家财税金融政策的更多支持;需建立应对合作风险保障和应急机制;需建立并完善对外能源贸易体系以规避能源价格剧烈波动;以及高端复合型能源资源国际化人才严重缺乏等问题,使得中国能源国际合作在不断成功的同时,风险性也日益加大。

(二)中国清洁能源国际合作现状及特点

近年来,中国企业在清洁能源领域的对外合作方面呈现出继续增长的良好势头,特别是伴随着清洁能源的持续升温,中国企业不仅清晰地认清了这一发展趋势,更是积极地投入到这股新的潮流之中,并逐渐开始扮演重要的甚至是领导性的角色。

中国能源企业在清洁能源领域的国际合作中主要呈现出领域多、范围广、实力强、技术先进等特征。中国国内已经成长起一批有世界性影响力,具有自主研发能力、具备独立生产和全产业链覆盖的龙头企业,对于清洁能源的发展方向的选择和发展步伐的快慢起到了不可忽视的影响。

---

① Economy,Energy,Environment 加上 safety。

1. 领域加大

中国企业现在已经广泛涉入清洁能源的各个领域,如 2012 年 11 月 27 日,中国明阳风电产业集团有限公司与印度信实能源以及中国国家开发银行签订了三方合作协议,拟合作金额高达 30 亿美元,协议旨在共同开发印度风能及太阳能资源,说明中国企业在风能及太阳能利用和开发方面已经逐步得到了世界的认可,成为一支有竞争力的力量。在此之前的 10 月 16 日,常熟光伏企业在澳大利亚清洁能源国际展览会上也取得了巨大的成就,中利腾晖、阿特斯等常熟光伏企业在展览会上共签了 30 多亿元的海外订单。

这些例子说明中国能源企业在清洁能源领域正在呈现出遍地开花、百花齐放的状态,随着生物质能、太阳能、地热能等各种新形式的清洁能源的逐渐开发,相信中国企业的影子将越来越多地出现在国际舞台之上。

2. 实力增强

中国能源企业,不管是国企还是民企,都在这场清洁能源的开发浪潮中不断发展、壮大自身的实力,海外并购规模也逐渐扩大。2012 年 6 月 5 日,中国规模最大的清洁能源民营企业汉能控股与德国太阳能电池大厂 Q-Cells 签署协议,收购 Q-Cells 子公司 Solibro 的股权。而早在 2011 年的 7 月,武汉凯迪就投资 4.5 亿美元在赞比亚发展生物质能源产业。随着中国能源企业对外并购的步伐逐渐扩大,交易额经常高达数亿甚至数十亿美元,充分反映出中国企业在清洁能源方面呈现出的业务拓展、实力增强的特点。

3. 技术先进

很多中国能源企业的技术已经达到国际一流水平,不仅是在发展中国家,在清洁能源产业蓬勃发展的欧美地区也频现中国企业的身影,如 2012 年 7 月 20 日,常州天合光能有限公司与世界光伏组件制造商 SiLFAb Ontario 达成协议,将在加拿大本土制造具备世界水准的太阳能光伏组件。又如 2012 年 8 月 2 日,太阳能电池组件制造商昱辉阳光宣布向澳大利亚领先的光伏系统安装商 True Value Solar 提供 8MW 高性能组件。这些事例都充分反映出中国能源企业不仅在技术水平上在世界范围内获得了认可,更重要的是反映出了中国企业在与世界科技发展和生产力进步的新高地上占据了先机。

除此以外,中国政府日益注重清洁能源的国际合作,加大了多边合作的力度,增强了双边合作的制度化建设。以中美为例,2009 年以来,出于应对金融危机和气候变化的双重需要以及奥巴马政府的能源战略,美国加强了与中国在清洁能源领域的合作,多项合作将两国清洁合作提升到了新水平。2009 年 7 月,国家能源局、科技部与美国能源部共同宣布成立中美清洁能源联合研究中心。同月,中美签署了《中美加强气候变化、能源和环境谅解备忘录》。同年 11 月,中美召开了清洁能源圆桌会议。在清洁能源合作领域,中美之间建立了"中美可再生能源工业论坛"对话机制,建立了"国际先进生物燃料大会",建立了"中美清洁能源研究中心"和一个企业合作平台"中美能源合作项目—ECP"。双方多层次、宽领域和全方位的清洁能源合作格局基本确立。①

(三)中国清洁能源国际合作战略及重点

全球清洁能源发展拥有强大的驱动力和催化剂,这将在今后几十年为该行业提供一个强大的推动力。这些驱动力包括矿物燃料的负面效应、能源安全、不断增长的全球能源需求、气候变化、清洁能源的技术改进、电网不可靠和电力价格上升等。②所有这些发展清洁能源的驱动力同样存在于中国,因此在今后几十年中清洁能源产业在中国有着极大的发展潜力。但是单凭中国自己的闭门造车,发展清洁能源不可能达到我们的理想情景。由于绝大多数清洁能源企业存在风险较大、盈利能力较差以及较难吸引社会资金的投入,因而清洁能源开发利用受到时间和速度的限制,③而国际合作能够在一定程度上减少时间和速度二者障碍的限制,如,中国开展的清洁能源行动。清洁能源行动是一项治理城市大气环境的专项行动,它是由中国科技部和国家环保总局等有关部委提出、国务院批准实施的。该行动在实

---

① 详见本书附录五"清洁能源国际合作优质案例四中美能源合作"。
② 亚太经济合作组织国际会议暨分布式能源论坛会议论文[C],上海,2012.12.11—14。
③ 林伯强:《中国能源政策》,中国财政经济出版社 2009 年版,第 84 页。

施时得到了联合国开发计划署的大力资助。①

众多强有力的因素正在塑造着一个全新的 21 世纪全球经济,新的全球经济来自于三大推动力量:技术进步、市场的力量和全球化。这三大经济力量不仅推动全球经济,而且也是解决资源环境问题的有效途径。全球化大大强化了:技术和市场的力量,它使一国在开放的条件下能够有效利用全球的技术、资源、资金和管理。② 因此,中国发展清洁能源需要进行大量的国际合作。根据《中国能源法》(草案),所谓"能源国际合作",是指:①参与能源交流与合作,缔结能源条约或参加国际能源条约、能源双边合作协定,参加区域能源合作组织;②积极进行海外能源投资;③鼓励引进外资从事能源生产、运输和分配等。③

由此,我们认为中国发展清洁能源国际合作总体战略应该围绕着上述的三大经济力量的核心即技术、市场和全球化展开,中国政府层面要参与到清洁能源的国际治理机制中,研发机构要能够保持技术上的领先地位,生产企业需获取产品标准的设定权或设定的参与权,无论国有或私人公司要敢于走出去到国外投资发展清洁能源,将我们已有的清洁能源技术通过广泛的实践,使之日益成熟和商品化。同时,又要敢于利用国外先进技术、雄厚资金及管理经验,使我们能够站在"巨人的肩膀"上得以快速地发展。换言之,中国发展清洁能源国际合作战略的战略重点是搭全球化的便车,使我们的优势充分发挥出来,最大程度地获取全世界资源的合理配置,得到最大的环境收益。

"中国模式"还在探索中,我们还没有一个成熟、完备、经过实践检验的"中国模式",包括整个经济发展还要转型。所以在借鉴国际经验发展国际合作的同时,创新一条发展道路,这将是中国对全人类的责任和贡献。④

---

① 有关中国清洁能源行动可参见清洁能源行动办公室:《城市清洁能源行动规划指南》,中国环境科学出版社 2005 年版。

② 胡鞍钢、吕永龙主编:《能源与发展:全球化条件下的能源与环境政策》,中国计划出版社 2001 年版,第 1—2 页。

③ 清华大学环境资源与能源法研究中心课题组编著:《〈中国能源法〉(草案)专家建议稿与说明》,清华大学出版社 2008 年版,第 30—31 页。

④ 杜祥琬:《北美能源独立对中国的影响》开幕式发言,中国人民大学,2013 年 3 月 27 日。

(四)中国清洁能源国际合作模式选择

近年来,中国积极参与清洁能源多边国际合作。通过学习国际组织的活动,开展国际合作项目,学习了发达国家与国际组织的一些先进经验和合作模式。[1]

1.日本模式

通过向国际组织捐款,以该组织为依托,发挥影响力。日本在各大国际组织均有派员,且占据要职,在各国际组织有较高的影响力和发言权。除派员外,日本还积极向国际组织捐款,并通过项目合作,不仅有效收回捐款,还获取了"道义"和"市场"的双重制高点。如,日本曾向亚太经济合作组织(Asia-Pacific Economic Cooperation,APEC,以下简称"亚太经合组织")捐款设立亚太经合组织能效基金,由亚太经合组织秘书处组织各成员经济体申请亚太经合组织能效基金。该基金用于促进亚太经合组织在提高能效领域的能力建设、政策交流和实体合作项目。而日本政府、企业和科研院所则扮演了顾问的角色,利用各经济体申请到的基金为其提供能效评审、专家培训、技术交流等服务。一方面树立了日本政府积极应对气候变化的负责任大国形象;另一方面,日本利用上述项目积极地输出其发展理念、技术和产品,有效地占领了节能行业制高点。

2.美国模式

由美国政府设立基金,直接在发展中国家开展项目合作。如,美国贸易发展署设立了对外援助资金,支持东道国健全投资政策和决策制定,并创建一个适合贸易、投资和可持续经济发展的环境。该机构通过技术援助、可行性研究报告、培训、定向考察访问和商业研讨会等多种形式的资助,达到对现代化基础设施和建立公平、开放的贸易环境的支持,从而促进美国先进发展理念、模式、技术和产品的输出。美国能源基金会也使用相同的运作模式,通过设立基金,开展项目申请活动,为东道国提供项目可行性研究、规划设计咨询、能力建设,从而实现优势产业的输出。

---

[1] 资料来源:国家能源局国际合作司。

3.亚太经合组织模式

以项目为依托,促进各经济体开展合作。亚太经合组织每年都会召开领导人峰会和部长会议,并发布声明或宣言。亚太经合组织还会在上述资料的基础上制定亚太经合组织发展战略,亚太经合组织项目是实施上述战略的具体"抓手"。项目资金由各经济体捐助,各经济体可以通过各工作组申请项目,亚太经合组织通过开展项目有效地推动了亚太经合组织发展战略在该地区的执行。

中国可以借鉴上述国家与国际组织的合作模式,根据不同条件、不同合作对象和合作内容选择较为合适的清洁能源国际合作模式,以加大清洁能源国际合作的合作成效。

(五)具体合作的政策建议

1.加大项目融资国际合作的力度

随着产业自身和融资市场的进一步发展,国际上陆续出现了一些新型融资模式,如项目融资、能源服务公司、政策性能源金融机构等。部分融资模式已经在中国得到了应用,处于推广普及的阶段。此处重点介绍以下两种:①以美国为代表的项目融资;②以日本为代表的能源服务公司。

20世纪30年代,美国西南部石油业兴起项目融资(Project Finance),作为管理和分配风险的新型融资方式促进了当时能源工业的发展。所谓项目融资方式是指以特定项目本身的资产、预期收益或者权益作为抵押的,无追索权或者有限追索权的长期融资或者贷款方式。[①] 基于中国清洁能源产业的产业特征和所处的发展阶段,项目融资方式是较为合适的一种选择。①以项目为主体,融资评估的是此项目的盈利能力、资产偿还能力,而非企业实体,与除项目之外的企业其他资产无关,这样更好地避免了清洁能源企业信用等级不够带来的信贷困难。②由于债权人无权追索除项目之外的企业其他资产,对于资金缺乏且承担较大投资风险的清洁能源企业而言,该融资方式降低了一定的风险。

---

① 蒋先玲:《项目融资》(第三版),中国金融出版社2008年版。

在项目融资中,实践较多的是 BOT 模式。BOT(Build-operate-transfer),即建设—运营—移交。政府将一个基础设施项目的特许权授予承包商,承包商在特许期内负责项目设计、融资、建设和运营,并回收成本、偿还债务、赚取利润,特许期结束后将项目所有权移交政府。BOT 模式的优点主要有:减少政府的财政支出,分散财政风险;引入社会资金的效率功能;发展中国家还能因此引进国外的资金、技术和管理方法。例如,在印度的古加拉特邦,当地政府与苏司兰、NEG Micon、Enercon 和 NEPC 等公司签署了协议,通过 BOT 模式开发当地的风电场。

近年来,通过借鉴国际经验,项目融资模式也逐渐应用到中国清洁能源产业。在有效吸引私人资本和引入竞争机制方面具有独特的优势,同时也避免了清洁能源企业信用与风险的难题。这种新型融资模式应得到更广泛的应用和拓展。

2.引进海外资金设立政府间共同基金

创投资本与传统产业资本不同,并非仅致力于企业扩张与产业扩大,其主要目的是为创新型、中小型企业提供资本支持与适时获利退出,这与许多清洁能源和可再生能源企业的需求相互吻合。对企业而言,创投资本和管理者善于将企业从产品、营销、组织与管理等多方面、多维度作为一个整体去考察,为企业自身管理者提供旁观者的视角与可行的借鉴;对产业而言,创业期企业和中小企业为主的市场尚具有良好竞争性,从资本进入到干涉再到退出的机制能够对企业形成激励,从而在客观上促进清洁能源产业的良性发展。

由于创投资本大多规模较小,政府性资金通过建立政府引导基金介入创投,是清洁能源产业发展的重要导向。目前,政府引导基金一般通过政府或政府性资金成立母基金、创投资本跟进投资子基金,并通过政府信誉担保和基金杠杆作用放大资金规模的形式,为国内的清洁能源产业提供有力的资本支持。目前支持能源金融领域相关的较大政府引导基金如表 6-6所示。

表 6-6 能源金融领域相关的较大的政府引导基金（单位：亿元人民币）

成立时间	基金名称	设立方及出资人	母基金规模
2005 年 9 月	江苏省高科技投资基金	江苏省政府	10
2006 年 9 月	苏州市工业园区创业引导基金	中新苏州创业投资有限公司、国家开发银行	10
2006 年 12 月	渤海产业投资基金	天津市政府	200
2007 年 12 月	天津市滨海新区创业风险投资引导基金	天津市滨海新区政府、国家开发银行	20
2009 年 7 月	山东省省级创业投资引导基金	山东省政府	10
2009 年 9 月	北京股权投资发展基金	北京市政府	50
2009 年 10 月	联合创业投资基金	国家发改委、财政部及北京、上海、深圳、重庆、安徽、湖南、吉林七省市政府	90

数据来源：Citigroup-Government Backed Fund-Preliminary Research。

　　找准清洁能源的合作基点，引进海外资金，设立和运营多支国家级的政府间合作基金是推动清洁能源发展的重要途径。以中非发展基金为例，该基金是胡锦涛主席在 2006 年 11 月中非论坛北京峰会上提出的对非务实合作八项政策措施之一，是支持中国企业开展对非合作、开拓非洲市场而设立的专项资金，是国内第一支由国务院批准设立的、国内最大的私募股权基金和第一支专注于对非投资的股权投资基金。中非发展基金为中国企业寻求稳固的能源和原料供应、开拓当地广阔市场做出了巨大贡献，弥补了传统无偿援助和贷款之间的空白，通过市场化运作服务于中非间经贸合作与政治对话。

表 6-7 能源金融相关的主要大型政府性合作基金

成立时间	基金名称	设立方及出资人
2012 年 2 月	赛领国际投资基金（用于海外制造业/资源型企业并购）	上海国际集团 上海汽车集团

续表 6-7

成立时间	基金名称		设立方及出资人	
2007 年 6 月	中非发展基金 （用于电力、能源、 基础设施和 矿产资源合作）	主要已投资项目	总出资人： 国务院、国家 开发银行	项目出资人： 深圳能源集团、 天津泰达
		加纳电厂一期工程		
		苏伊士经贸合作区		
		埃塞俄比亚玻璃厂		
		马拉维和莫桑比克 棉花项目加工厂		
2011 年 10 月	非洲中小企业发展专项贷款① （投资范围以通讯、能源、电力为主， 主要用于支持太阳能、 小水电等清洁能源项目）		国务院、国家开发银行	

数据来源：Citigroup-Government Backed Fund-Preliminary Research。

3.合作建立能源服务公司

能源服务公司,通过与客户签订节能服务合同,提供由技术、金融到管理的一站式服务,在节能服务中一方面提高能源效率,另一方面从项目的节能效益中获得收益。而客户则在不需要大笔投资的条件下,与能源服务公司共同开展项目,并分享实施后产生的节能效益。能源服务公司最初在欧洲和北美开始流行。20世纪90年代,受到欧美国家的影响,日本也积极推行能源服务公司的运行模式,并得到很好的发展。

在能源服务公司推广的节能项目中,清洁能源的开发就是其中非常重要的一个类别。合同能源管理机制的实质是以客户减少的能源成本支付节能项目全部成本的节能投资方式,它允许能源用户使用潜在的节能收益,升级现有的耗能设备和技术。② 即以未来的收益作为目前的资本进行循环利用,滚动发展。而节能项目实施资本最终来源于"第三方融资"。这一投资

---

① 《中非合作论坛部长级会议经贸成果落实取得积极进展》,见新华网,http://news.xinhuanet.com/world/2011-10/23/c_111116591.htm,2011-10-23。

② 佘升翔、马超群等:《能源金融的发展及其对我国的启示》,载《能源金融》2007年第8期。

方可以是节能服务公司本身,靠政府补助拨款或者是银行贷款。以日本为例,能源产业技术综合开发机构对能源服务公司实施的相关项目单位提供资金辅助;根据《能源改革税》能源服务公司的项目开展可以获得许多相关的税收优惠;对中小企业开展节能设备更新和改造,日本政策投资银行提供的低息融资贷款。①

---

① 详见本书附录六"全球节能服务产业绩效比较"。

附录一 2009—2012 年中国清洁能源国际合作大事记[①]

一、亚太地区[②]

(一)2012 年

1.澳大利亚

1月30日,神华澳大利亚清洁能源控股公司在澳大利亚注册成功。

3月26—27日,中澳第六次能源资源合作双边对话及中澳能源资源投资合作研讨会在北京召开。

3月29日,中澳双方正式签署了《中澳太阳能战略合作协议书》,为中澳太阳能光伏产业迎来新的发展机会。

7月6日,英利绿色能源有限公司(YEG)宣布其澳大利亚区域总部落户悉尼。

8月2日,太阳能电池组件制造商昱辉阳光宣布向澳大利亚领先的光伏系统安装商 True Value Solar 提供 8MW 高性能组件。

9月20日,英利绿色能源有限公司在澳大利亚签订 30MW 组件分销协议。

9月21日,国华能源决定收购澳大利亚塔州风力农场。

---

① 资料来源:中国人民大学国际能源战略研究中心。
② 亚太地区含:澳大利亚、日本、韩国、印度及东南亚其他国家等。

9月27日，中国神华母公司收购澳大利亚马斯洛风电项目部分股权。

10月16日，常熟光伏企业在澳大利亚清洁能源国际展览会上大放光彩，中利腾晖、阿特斯等常熟光伏企业在展览会上共签了30多亿元的海外订单。

11月8日，澳大利亚发布了《能源白皮书》，该文件被视为澳大利亚未来能源政策的核心。

2. 韩　国

5月21日，韩国SK集团将与中国国能生物发电集团（NBE）合作在四川省投资兴建生物能源（biomass）发电厂。

5月24日，韩国能源企业OCI签署协议，将在庆尚南道泗川市建立大规模太阳能发电站。

5月29日，韩国与中国签订2亿美元绿色IT项目大单。

7月17日，商务部通报，中国已经对韩国产多晶硅开始进行反倾销调查，国内80%中国企业已停产。

8月9日，由大韩贸易投资振兴公社沈阳市代表处主办，沈阳市对外贸易经济合作局、沈阳市发改委协办的"2012韩中绿色环保能源项目洽谈会"在沈阳市举行。

9月24日，韩国SK集团投资1亿美元的锂电池新材料产业基地在重庆市两江新区开工建设，该项目将为重庆市发展消费类电子产业和清洁能源汽车提供重要配套。

3. 马来西亚

4月10日，中国水电（马来西亚）公司与业主子公司海星海洋公司在马来西亚柔佛州首府新山签订设计施工总承包协议，合同金额约合人民币90.12亿元。

4. 印度尼西亚

3月23日，总额达174.6亿美元的中—印尼双方企业经济投资合作项目谅解备忘录签字仪式在北京举行。印尼工业部、贸易部和国有企业署官员以及中—印尼双方相关企业家出席签字仪式。

3月23日,中国印尼将建立能源合作伙伴关系。

7月6日,中国航天机电公司与印尼矿能部清洁能源司、印尼巴塞尔公司签署了《关于太阳能能源发展谅解备忘录》,各方将建立战略合作关系,在印尼采用更加高效和更低成本的方式建设太阳能项目,此举意味着航天机电正在积极拓展印尼光伏市场。

8月28日,中国华电集团在印尼巴厘岛投资修建燃煤电厂。

11月12日,中国与东盟推进清洁能源与清洁能源的技术合作。

5. 印　　度

4月16日,中国电建集团所属山东电建三公司签约印度古德洛尔电站二期工程,合同金额总计约24亿美元。

4月20日,中利腾晖宣布准备开发印度光伏市场。

5月7日,印媒称中国"倾销"太阳能产品伤害印度企业。

5月28日,美媒称印度总理访问缅甸意在与中国争抢能源与影响力。

8月24日,大唐集团与印度信实电力签署能源合作协议。

11月27日,中国明阳风电产业集团有限公司与印度信实能源以及中国国家开发银行签订了三方合作协议,拟合作金额高达30亿美元,共同开发印度风能及太阳能资源。

6. 日　　本

4月12日,中国节能环保集团公司与日本山武株式会社合资组建"中节能建筑能源管理公司",从山武株式会社引进目前世界上最先进的建筑能源管理系统(BEMS)。

7月17日,日本松下称计划将太阳能电池投放到中国市场。

7月24日,中国光伏企业天华阳光日本光伏电站陆续投建。

8月15日,光为绿色清洁能源公司在日本开设分公司,迈出了抢占日本光伏市场的第一步。

8月21日,由于中国等亚洲国家正面临大量垃圾的处理问题,食物残渣发电业务将成为中长期增长领域,为此,三井造船、JFE Engineering等日企称将积极进军中国垃圾发电市场。

8月27日,中国建材工程集团全面进军日本光伏电站市场。中国建材国际工程集团有限公司与日本东亚集团株式会社签订48MW光伏电站建设总承包合同。

(二)2011年

1.澳大利亚

6月16日,天威清洁能源(扬州)有限公司太阳能光伏组件获得澳大利亚CEC协会认可。

6月24日,山亿清洁能源逆变器荣登澳大利亚CEC榜单。

7月26日,FRV带领财团赢得150MW澳大利亚太阳能发电站项目的招标。

8月30日,澳大利亚官员称中国清洁能源有望引领技术革命。

9月9日,澳大利亚代表团到河北省保定市考察清洁能源科技部门户网站。

(三)2010年

1.澳大利亚

9月9日,中澳最大清洁煤电站项目落定,投资额约10亿澳元。

11月8日,无锡尚德欲投资8亿美元在澳大利亚建太阳能厂。

11月30日,澳大利亚Galaxy公司将在中国建锂离子电池项目。

12月3日,由南开大学和澳大利亚弗林德斯大学共同主办的"新国际政治经济格局下的中澳经贸合作:现状与展望"中澳合作论坛日前在南开大学举行,探讨两国在清洁能源、低碳经济等方面的合作。

2.日　　本

11月1日,中日清洁能源汽车战略合作项目签约。

11月10日,广东省科技厅与日本综研所签约共推广东节能科技产业发展。

3.韩　　国

1月20日,中华全国工商联与大韩商工会议所签署清洁能源合作谅解备忘录。

5月18日,韩国DMS太阳能电池片项目落户宜兴市,总投资9 500万美元。

9月28日,韩国财团收购林洋清洁能源49.99%的股权。

11月7日,韩SK集团与中国节能环保集团公司签订谅解备忘录。

11月18日,大唐集团拟与韩国电力合作风电场项目。

4.东南亚

3月25日,葛洲坝与菲律宾签署水电合同,合同金额达4.6亿美元。

5月7日,中国水电集团实现马来西亚沐若电站大江截流。

5月18日,华电集团印尼水电站成功并网发电。

6月2日,中国水电集团签约越南松邦水电站。

8月31日,中国与湄公河成员国深化合作,研讨水电开发战略环评。

9月2日,大唐投建的缅甸太平江水电站投产发电。

9月13日,中国水电签约马来西亚胡鲁登嘉楼水电工程。

10月18日,中国水电承建的马来西亚巴贡水电站下闸蓄水。

11月5日,越南朔山省大力发展风力发电。

11月15日,中国企业与缅甸公司签署孟东水电项目谅解备忘录。

11月22日,新加坡欲"配合"中国做强清洁能源产业。

11月24日,东南亚最大水力发电站开发谅解备忘录在缅甸签署。

(四)2009年

1.韩 国

6月,韩国光州的再生能源企业(株)GNR将在中国常州市建设1MW级太阳能发电厂,这是韩国企业首次在中国建立商用太阳能发电厂。

11月1日,韩国贸易振兴公社率18家韩国公司参加杭州"中国国际循环经济产业博览会"。

2.印 度

8月20日,中盛光电集团获得订单:将为印度一个大型地面太阳能电站工程提供1MW太阳能组件,该项目是印度目前最大的并网太阳能电站项目。

3.东南亚

2月25日,越南政府同意对中国新奥集团清洁能源项目实施生产开发研究。

6月29日,中国电瓶车在老挝万象市开始公交运营。

9月14日,中国华能澜沧江水电有限公司与缅甸HTOO集团签署《缅甸联邦萨尔温江流域水电项目投资合作协议》。

11月28日,中方优贷建设的老挝电力调度中心项目奠基。

12月21日,中国电力投资集团在缅投资新建的伊洛瓦底江上游流域密松水电站正式开工。

12月,中国葛洲坝集团承建的印尼阿萨汉一号水电站引水隧洞工程开始充水,电站正式具备了发电条件,这标志着阿萨汉一号水电站提前2个月建成。

二、美洲地区

(一)2012年

1.美　　国

3月1日,国电安徽公司所属清洁能源投资公司与美国UPC清洁能源集团公司旗下的北京优能远达清洁能源公司在合肥市签订了宿松风电项目股东合作协议。

3月8日,中国广东集团公司和美国杜克能源公司在北京市签署合作谅解备忘录,双方将在核电投资、运营管理经验、其他清洁能源开发等领域实现合作。

5月10日,通用电气(中国)有限公司(GE)与神华集团全资子公司中国神华煤制油化工有限公司合资组建的通用电气神华气化技术有限公司在上海市举行揭牌仪式并宣布成立,标志着中美两国在清洁煤合作方面拉开新的序幕。

5月14日,中国电科院与美国UL公司在北京市举行合作谅解备忘录签约仪式。

5月17日,中广核太阳能美国分公司(CGN Solar Energy)与中利腾晖光伏科技有限公司美国分公司(Talesun)日前签订了合作框架协议,双方计划 3 年内在美国完成 500MW 太阳能光伏电站的开发、收购、建设和运营。

5 月 25 日,中国电建集团与美国通用电气有限公司签订战略合作备忘录。

6 月 13 日,第三届中美能效论坛在北京市国宾酒店举行,本届论坛由国家发改委和美国能源部共同举办。

8 月 30 日,"中美化石能技术开发与利用合作议定书 2012 年度协调会议"在美国首都华盛顿举行。

9 月 17 日,第二届中美能源高峰会议将于在美国旧金山市开幕。

9 月 20 日,中美合作煤机装备项目签约仪式在太原市举行。

2. 加　拿　大

2 月 7 日,加拿大总理斯蒂芬·哈珀带领多名能源领域的官员、业界精英访问中国。

2 月 8 日,温家宝向加拿大总理哈珀表示,中方愿意扩大进口加拿大的能源资源产品,加强在清洁能源、节能环保、和平利用核能方面的合作。

3 月 13 日,中国石化收购加拿大日光能源公司(Daylight Energy Ltd.)被评为加拿大 2011 年交易成就奖。

5 月 3 日,中国银行(加拿大)与加拿大太阳能方案公司签署了合作备忘录,项目贷款协议金额为 1.2 亿加元(约合 1.21 亿美元)。

6 月 11 日,由加拿大大使馆主办、北极星电力网独家媒体支持的"加中智能电网合作研讨会"在北京市盛大召开。

7 月 20 日,常州天合光能有限公司与世界光伏组件制造商 SiLFAb Ontario 达成协议,将在加拿大本土制造具备世界水准的太阳能光伏组件。

8 月 14 日,加拿大(阿特斯阳光电力公司)宣布与中国国家开发银行签署 9 300 万加元(约合 9 380 万美元)贷款协议。

3. 墨　西　哥

5 月 21—24 日,中国水电工程顾问集团考察墨西哥清洁能源市场。

5 月,中利腾晖和当地合作伙伴 SVE 共同开发墨西哥市场。

4. 巴　　西

6 月,北京 Sunbelt International 公司赢得巴西塞阿拉光伏及风能项目,将在巴西构建混合式太阳能技术项目,部署光伏及风能系统。

9 月,国家开发银行北京分行于 9 月 10 日与巴西 Desenvix 集团公司就华锐风电巴西 34.5MW 风电场项目签约。

9 月,国家发改委已批准国家电网公司从西班牙建设公司 Actividades de Construcciony Servicios SA 及其子公司手中收购巴西 7 个高压输电资产。

9 月,中国国家电网巴西公司总经理蔡鸿贤日前表示,国家电网有意于 2015 年前在巴西投资 50 亿美元,将业务扩展到巴西电力行业各个领域。

5. 厄瓜多尔

4 月 24—25 日,"第三届国际基础设施投资与建设高峰论坛"在澳门召开,中国能源建设集团有限公司副总经理聂凯与厄瓜多尔战略协调部长豪尔赫·格拉斯签署电力合作意向书。

11 月 15 日,厄瓜多尔水资源国务秘书索利斯与长江勘测设计研究院共同签署厄全境流域规划项目合同,长江设计院将对厄瓜多尔境内 16 条主要河流进行技术可行性研究和评估,并制定相应流域规划。

(二)2011 年

1. 美　　国

1 月 13 日,中国风电规模超过美国跃居第一。

2 月 10 日,英利与美国 Borrego Solar 签订光伏组件供货协议。

2 月 13 日,维利安半导体公司先进太阳能电池开发项目获美国能源部支持。

10 月 19 日,美国太阳能电池板制造商控诉中国"不公正"补贴。

11 月 8 日,美国对中国太阳能企业"双反"延期表决。

11 月 23 日,美媒称中国太阳能企业规避美关税,将令美国消费者受损。

(三)2010 年

1. 美　　国

6 月 22 日,第三届中美绿色能源论坛在苏州市开幕。

9 月 2 日,中美清洁能源研究计划公布。

10月15日,美国政府宣布,将就中国政府是否对国内清洁能源行业提供非法补贴进行调查。

11月14日,中国科技部部长万钢、中国国家能源局局长张国宝和美国能源部部长朱棣文正式启动中美清洁能源研究中心(CERC)。

2. 加 拿 大

10月20日,无锡尚德私有光伏产品制造商 CaliSolar 公司,签署了一份意向书,计划在加拿大安大略省设立一个太阳能级多晶硅生产厂。

3. 巴 西

4月2日,巴西外交部能源和高科技事务副部长安德列·阿马多在北京市对媒体表示,中巴在空间技术、石油、清洁能源等领域合作潜力大,有望在近期达成一系列协议,以加强在科技能源领域的合作。

(四)2009 年

1. 美 国

2月4日,美国通用电气有限公司风能设备齿轮箱项目落户中国。

2月17日,美国超导首次向华锐风电提供中国制造的核心电力部件。

3月11日,美国"500强企业"助力南京风电制造。

4月24日,美国代表团造访燕大谈风能合作。

5月11日,美硅谷翌科太阳能项目投资 2 600 万将落户三亚市。

5月12日,无锡尚德筹划在美国设厂,看好美国太阳能市场。

6月11日,无锡尚德与美国国家半导体合作开发光伏发电系统。

6月13日,美国全球水电公司来儋州市考察,拟投资太阳能发电等项目。

6月25日,美国清洁能源投资 50 亿在江苏省响水县打造太阳能基地。

8月21日,美国通用在重庆市生产风力发电设备。

10月26日,新奥集团与美国电力巨头杜克能源公司联手开发美国太阳能市场。

10月30日,中美联合在德克萨斯州建设巨型风力发电厂。

11月2日,中国沈阳能源集团和美国天空风能有限公司 15 亿风能合作投资协议敲定。

三、欧洲地区

(一)2012 年

1.德　　国

4 月 23 日,中国科技部与德国联邦教研部在德国汉诺威共同举办了中德电动汽车研发合作论坛。

4 月 25 日,德中能源峰会在德国汉诺威工业博览会召开,为两国寻求能源和环保领域的进一步合作提供了良好的平台。

5 月 17 日,中国资源综合利用协会清洁能源专业委员会(CREIA)、中国清洁能源企业家俱乐部(CREEC)与德国商会德中生态商务平台(econet China)在沪召开第二届中德光伏产业合作研讨会,探讨中德两国企业界合作的机遇、挑战与新模式。

5 月 18 日,德国汉诺威工业博览会期间,在中德两国部长的见证之下,国机集团苏美达旗下辉伦太阳能(Phono Solar)与德国大型光伏 EPC 工程和能源供应商 SYBAC Solar 签署了总规模 500MW,折合总标的为 3 亿欧元的战略合作协议。

6 月 5 日,中国规模最大的清洁能源民营企业汉能控股与德国太阳能电池大厂 Q-Cells 签署协议,收购 Q-Cells 子公司 Solibro 的股权。

6 月 8 日,"中德动力电池回收利用项目联合工作组"第一次工作组会议在青岛市举行。会议宣布"中德动力电池回收利用工作组"正式成立,并拟签署会议纪要。

7 月 27 日—8 月 1 日,中国物流与采购联合会副会长程远忠率中方代表团一行 7 人,赴德国柏林考察太阳能薄膜发电产业,中德双方希望加强在 CIGS 薄膜太阳能发电技术上的对话与交流,早日促成该项目在全球公共采购服务区(武汉市)顺利落地。

8 月 31 日,德国联邦农业部生物能源处负责人布伊特希尔(Katharina Bttcher)称:德国愿同中国在沼气发电领域进行更加紧密的合作。

9月20日,国家能源太阳能发电研发(实验)中心与德国弗朗霍夫研究院太阳能研究所和德国蒙泰克—艾尔康公司就光伏逆变器检测领域签署战略合作协议,三方就光伏检测和标准制定等方面达成一致意见。

10月31日,德国曼恩集团旗下的曼柴油机与透平集团携新型的电站解决方案亮相中国,希望在中国特殊的市场环境中开发其发电厂业务。

2.法 国

2月7日,法国阿尔斯通公司近日携手中国水电顾问集团华东勘测设计研究院与越南电力集团签署了价值约1 800万欧元的合同,共同为Song Bung 4水电站项目提供水电设备及技术服务。

7月9日,法国燃气苏伊士集团(GDF Suez)通过旗下分公司Cofely公司同中国天津市商务商业区和马来西亚赛柏再也市(Cyberjaya)签订了"城市制冷"供应协议。

3.英 国

2月15日,广东省省长朱小丹在广州会见来粤访问的英国议会能源及气候变化特别委员会主席蒂姆·叶奥一行,探讨广东省与英国在气候变化及低碳领域的合作前景。英国会议员代表团访粤时表示,英国希望与粤合作开发潮汐能。

8月28日,重庆市能源投资集团和英国益可环境集团在渝举行"节能减排合作签约仪式",这标志着重庆能源和益可环境集团在节能减排项目合作上取得了新进展。

10月22日,国家能源局副局长吴吟会见了英国国会下议院能源及气候变化特别委员会主席蒂姆·叶奥,就中国清洁煤技术和政策、清洁能源发展及中英能源合作等议题交换了意见。

11月15日,英国大型商贸科技代表团访问贵州市,旨在加强与深化中英双方特别是英国与贵州市在能源领域的合作。

4.荷 兰

5月30日—6月1日,2012上海国际海上风电及风电产业链大会暨展览会于上海市新国际博览中心举行,荷兰风能出口协会携旗下10多家风电企业来到上海市,向中国及全世界展示荷兰海上风电技术。此外,荷兰展团还带来了旨在促进荷兰风能产业在中国发展的"中国风能"项目。

6月15日,荷兰组件和BIPV系统供应商Scheuten Solar曾在数月前宣布破产,报道称广东爱康太阳能科技有限公司已经接手其主要资产。

5.葡萄牙

2月22日,中国国家电网公司与葡萄牙国有工业控股公司《股权交易协议》及与葡萄牙国家能源网公司《框架协议》签字仪式在葡萄牙财政部大楼举行,前者以3.87亿欧元(约5.1亿美元)收购葡萄牙国家能源网公司25%的股份。这是中国企业首次在欧洲收购国家级电网公司。

6.意大利

2月24日,意大利一个3 000多万美元的海缆项目被来自中国的中天科技集团拿下,国产海缆企业能在竞争激烈的欧洲市场中标如此大的能源项目尚属首次。

7.瑞　　典

2月29日,由中国华锐风电公司制造的2台风力发电机组在瑞典西部小镇莫尔科姆投入运营,这意味着中国风电机组制造商有望在欧洲市场获得一席之地。

8.欧　　盟

1月8日,青海省海南藏族自治州人民政府与环球太阳能基金公司在青海省西宁市签订合作备忘录,计划在海南藏族自治州投资建设1GW太阳能发电基地。

2月14日,第十四次中欧领导人会晤在中国北京市举行,双方领导同意进一步深化能源、能源科技合作,双方强调加强汽车领域合作,尤其是通过发展电动汽车,推动实现减少能源消耗和排放的共同目标。

3月6日,北欧清洁能源合作经济联合会在瑞典首都斯德哥尔摩成立,旨在推动中国与瑞典清洁能源科技合作,为两国商务往来提供新途径。

4月27日,欧中清洁能源联合会在法国参议院会议厅正式宣告成立。

5月3日,中欧高层能源会议在布鲁塞尔召开。中欧双方在布鲁塞尔签署了中欧城镇化伙伴关系,中欧能源安全、中欧促进电力市场相关合作等共同宣言和联合声明,宣布建立中欧能源消费国战略伙伴关系,这标志着中欧能源合作进入新阶段。

9月6日,欧盟宣布对中国光伏电池发起反倾销调查,涉案金额超过200亿美元,一场欧盟与中国之间的"太阳能战争"即将打响。

10月6日,由中欧10所高校和科研机构共建的中欧清洁与清洁能源学院(简称"中欧能源学院")在华中科技大学正式揭牌。中欧能源学院旨在培养清洁能源领域高素质人才,为中国和欧洲的专家、学者和研究机构的长期深度合作搭建平台,增进中欧之间在清洁和清洁能源领域的交流和合作,满足社会发展对清洁与清洁能源人才和技术日益增长的需求,推进中国清洁和清洁能源事业的发展和应用,促进经济和社会的可持续发展。

11月13日,泰丰资本董事长兼首席投资官葛涵思(GuyHands)表示正与国家开发银行合作募集总规模30亿—50亿美元的基金,投资海内外的太阳能、风能等清洁能源项目,拟投中国光伏。

11月15日,中欧和平利用核能研发合作指导委员会第二次会议在科技部举行,中国欧洲积极推动和平利用核能研发领域合作。

(二)2010年

3月24日,江苏省和英国共办海上风电研讨会洽谈双边合作,江苏省50多家相关企业和英国海上风电领域全球领先企业的代表,就双边合作做了深层次洽谈。同日,江苏省经信委和英国驻沪总领事馆还达成谅解备忘录,约定加强双方在节能、利用清洁能源方面的合作。

7月5日,欧洲委员会宣布全球能源效率和清洁能源基金,原则性同意向中资的绿星节能减排基金投资1 000万欧元。欧盟能源委员衮特尔·厄廷格表示欧盟将进一步加强与中国能源技术合作。

7月14日,中远旗下的南通中远船舶钢结构有限公司(简称"NCSC")正密切筹划与英国专门从事海上风力发电开发的SeaEnergy Renewables有限公司(简称"SERL")合作,共同致力于海上风电设备的开发和经营。双方已于日前签署战略合作协议,预计正式协议将于明年签署。这是中国大型国有企业与英国公司在海上风电业的首个重要协议。

7月24日,中欧圆桌会议经贸问题联合研究小组研讨会举行,来自中欧双方的代表表示通过合作,中国和欧盟将真正成为向"低碳"转型的"引擎",中欧经贸合作将进入新的发展阶段并实现共赢。

8月6日,欧盟中国经济文化委员会与石景山人民政府签署了《战略合作协议》,双方将合作在石景山建设"欧盟清洁能源示范基地"。

9月9日,中国公司成为捷克最大太阳能光伏电站光伏组件独家供应商。捷克最大太阳能光伏电站韦普热克电站9月8日举行并网发电仪式,中国江苏辉伦太阳能科技公司以"辉伦太阳能"自主品牌为该电站独家提供全部太阳能光伏组件。

10月29日,丹麦与中国的科研机构在杭州市签署协议,以合作开展大型风电机组关键技术研究,这是两国首次在风电领域开启国家实验室之间的合作。合作双方分别为丹麦科技大学瑞索清洁能源国家实验室与浙江运达风电股份有限公司所建的风力发电系统国家重点实验室。项目历时约2年,总投资3 500万元。

12月3日,欧盟融资机构欧洲投资银行(European Investment Bank)同意进一步向中国提供5亿欧元贷款,用于替代能源投资项目,支持中国应对气候变化。这些贷款将主要投向风能、生物能源、太阳能、地热等清洁能源项目以及提高能效方面。

(三)2009 年

2月12日,荷兰代尔夫特理工大学代表到山东科学院能源所洽谈清洁能源项目。

3月13日,西班牙ALTA公司总裁考察浙江省台州市椒江区海上风电项目。

3月20日,丹麦风机涡轮叶片制造商LM Glasfiber公司称将在中国建第三个工厂。

3月27日,芬兰与一家中国环保企业签订了二氧化碳减排量的购买协议,欲购买1.4公吨二氧化碳减排量。

4月7日，法国前总理拉法兰率法国企业家代表团访华，双方表示愿在可持续发展领域加强合作。

4月7日，瑞典Tricorona公司在中国云南、广东和湖南三省开展风电清洁发展机制项目。

4月16日，丹麦维斯塔斯公司位于呼和浩特市的工厂生产出首台850kW风力发电机。

5月26日，中国太阳能硅晶圆厂商江西赛维宣布与太阳能系统整合领导厂商ESPE Srl签订合约，将在意大利兴建5座太阳能发电厂。

6月6日，法国环境交易所与中国签订协议，共同为客户提供中国减排项目数据库。

6月7日，意大利经济发展部副部长乌尔索率团访华，表示欢迎中国投资意能源和高科技产业。

7月5日，胡锦涛出访意大利，意大利政府热忱邀请中国企业投资意大利清洁能源行业。

8月，罗马尼亚中小企业、贸易与商业环境部部长尼策表示，数家中国公司对罗马尼亚克卢日省水电站表示了投资兴趣，投资额计划达到10亿欧元。

9月9日，中国与荷兰在北京市就能源合作签署谅解备忘录。

9月14日，丹麦风电巨头维斯塔斯表示拟开发中国近海风电市场。

9月17日，江苏省与瑞典政府投资促进署在瑞典—江苏清洁技术产业合作研讨会上讨论清洁技术产业合作。

9月20日，西班牙在中国四川省康县的最大投资项目——10万吨太阳能金属硅项目一期工程进入实施阶段。

10月21日，瑞典与重庆市签订合作备忘录，将在重庆市设立示范区全面使用生物能源。

10月27日，西班牙风电巨头歌美飒总裁考察内蒙古自治区风电或将投资建厂。

11月6日，由广东中科天元公司提供设备的罗马尼亚最大生物乙醇生产厂在罗马尼亚兹姆尼恰举行落成典礼。

11月27日,中国商务部长陈德铭率领包括110名中国大企业(航空、能源、交通等)总裁的中国投资采购团访问法国。

12月8日,丹麦 LM 公司风电叶片项目落户临港新城达成意向。

四、非洲地区

(一)2012 年

1.肯尼亚

2月底,创益太阳能在中期业绩发布会上宣布,公司已成功在非洲的肯尼亚成立了办公室,半年期间员工数已增加至15人,并将市场拓展到肯尼亚、埃塞俄比亚、南苏丹、加纳、尼日利亚等国。

2.南   非

2012年9月3日,晶科能源宣布,将与 EPC 合作伙伴 Solea Renewables 共同为南非林波波省的铬矿提供1MW 离网光伏系统。

3.区域性合作

11月22日,2012光伏产业领袖峰会非洲专场在北京市召开,来自非洲的18个国家向与会中国企业热情推荐太阳能资源,让处在生存危机中的中国太阳能产业看到了许多商机。

(二)2011 年

1月6日,中国水电工程顾问集团公司与商务部签订了援埃塞俄比亚风电太阳能规划项目合同。

3月17日,中国将帮助伊朗建设世界上最高的大坝。

4月17日,中国英利清洁能源公司进入南非市场 计划建2个太阳能发电站。

5月7日,中刚合作兴建的刚果(布)英布鲁水电站落成。

7月11日,中国水电工程顾问集团公司华东勘测设计研究院与哈电机公司组成的联营体与尼日利亚国家电力公司(PHCN)在尼日利亚签订了总额超5亿元人民币的凯恩吉电站水电机组总包供货合同。

7月12日,武汉凯迪拟投资4.5亿美元在赞比亚发展生物质能源产业。

7月20日,中国公司承建的赞比亚下卡富埃峡水电站项目开工。

8月17日,新疆维吾尔自治区艾尔姆风机叶片出口埃塞俄比亚。

9月22日,中国水电工程顾问集团公司与中地海外集团组成的联营体,与埃塞电力公司(EEPCo)签署了 Mesobo-Harrena 和 Adama(Nazret)2个风电场的融资总承包框架合同。

9月26日,银星能源公司与约旦清洁能源公司、珠海锂源清洁能源科技有限公司签署了合作协议。

10月24日,"南京智力"帮土耳其企业建造太阳能组件工厂。

11月10日,中国承建尼日利亚最大水电站修复项目启动。

12月1日,中国台湾的友达光电宣布成功地与南非最大电厂 EKSOM 完成当地首座太阳能电厂项目。

12月2日,南非东开普省副省长姆里博在首届金砖国家友好城市暨地方政府合作论坛能源战略分论坛上说,南非在清洁能源发展方面有一个框架,对风能发电和太阳能发电进行了大量的投资。

12月6日,中国风电企业为南非国家项目提供风力涡轮机。

12月22日,中国能源建设集团有限公司承建的埃塞俄比亚 FAN 水电站正式投产发电。

(三)2010年

8月10日,中国水利水电建设集团公司签订赞比亚下凯富峡水电站 BOOT 项目投资合作谅解备忘录。

8月27日,尚德电力公司将在南非建设产能为 100MW 的太阳能发电厂。

10月8日,中国水利水电建设集团公司签约加蓬阿基尼月奥孔加道路整治工程。

11月15日,中国承建加蓬布巴哈水电站大坝成功截流。

11月17日,中国与南非签署能源等多项合作协议。

(四)2009年

3月16日,中电工总公司与喀麦隆政府签署莫坎水电站建设合同协议书。

5 月 28 日,刚果萨苏总统出席中国公司承建的英布鲁水电站输变电工程奠基仪式。

6 月 8 日,中国将和肯尼亚合作研发适用于肯尼亚高温高湿地域条件的小型太阳能光伏系统和热水系统。

7 月 19 日,加纳共和国副总统马哈马一行考察了中国水电集团承建的加纳布维水电站项目。

五、俄 罗 斯

(一)2012 年

1 月 1 日,中俄 500kV 直流联网工程黑河背靠背换流站工程投入试运行,俄远东电网开始向黑龙江省输电,年输电量约为 43 亿 kW·h。

1 月 5 日,俄罗斯公司与中国雷天控股公司组建的合资企业 Liotech 公司宣布,在俄罗斯 Novosibirsk 附近将建设世界上最大的高容量锂电工厂。

3 月 22 日,李克强在会见俄罗斯联邦总统事务管理局局长科任时表示希望两国加强各层次交往,深化经贸、能源、科技、地方等领域的合作。

4 月 28 日,中俄贸易和投资促进会议在莫斯科举行。国家电网公司参加会议并发表了题为"扩大中俄电力能源合作,推进两国经贸发展"的主旨发言。国家电网公司与俄罗斯东方能源公司签署了中俄长期购售电合同。未来 25 年,通过中俄 500kV 直流背靠背联网工程,每年将有 40 亿 kW·h 的清洁能源从俄罗斯远东地区输送至中国东北地区。

4 月 30 日,时任中国国务院副总理李克强访问俄罗斯。中国与俄罗斯企业在莫斯科签署 26 项重要合作协议,项目总金额达 152 亿美元,涉及基础设施、能源资源、机电装备、高技术、金融等各个领域。其中逾 60 亿美元是能源合同,双方企业签订了购售电合同、石油天然气综合加工及储运、联合循环热电、联供电站、能源领域投资、能效合作等协议,涉及油气、电力、煤炭、清洁能源、能源装备和节能等领域。

5 月 16—17 日,在国家电网黑龙江省电力调度指挥中心和俄罗斯布拉戈维申斯克市调度指挥中心的正确指挥以及中俄双方电力人员的密切配合下,中俄220kV布爱(俄罗斯布拉戈维申斯克变—中国爱辉变)甲、乙线跨国输电线路检修及感应电压测试工作顺利完成。

6月1日,中俄能源谈判中方代表、时任国务院副总理王岐山与中俄能源谈判俄方新任代表、俄罗斯副总理德沃尔科维奇在北京市举行中俄能源谈判代表第八次会晤。双方签署了《中俄能源谈判代表第八次会晤纪要》。

6月5日,中国国家主席胡锦涛和俄罗斯总统普京在人民大会堂签署《联合声明》,包括《中国国家电网公司与俄罗斯统一电力系统国际集团关于扩大电力合作的谅解备忘录》;将在扩大从俄罗斯向中国供电规模、加强对俄罗斯电网改造以及开拓第三国电力市场等方面继续开展合作。

6月5—7日,俄罗斯总统普京对中国进行国事访问。双方签署了《中俄关于进一步深化平等信任的中俄全面战略协作伙伴关系的联合声明》,以及一系列部门间、企业间重要合作文件,涉及能源、投资等多个领域。

9月26日,正在北京出席第十四届国际电力设备及技术展览会(EP-China2012)的俄罗斯能源部副部长尤里·先秋林表示,因中国东北地区和中部地区由于历史发展原因电力短缺,中国对能源(包括电力)的需求将增加,俄罗斯有意扩大对华电力供应。

10月23日,在俄罗斯能源委员会大会上,总统普京要求业界重新审视俄罗斯的天然气出口战略,提出俄罗斯当前形势下应将眼光转向亚洲市场,特别是中国、韩国和印度。

(二)2011年

2月28日,俄罗斯能源2020年计划向中国输电480亿kW·h。

6月16日,俄罗斯能源部称愿扩大对中方电力出口。

7月20日,俄罗斯赞助投资国外清洁技术。

7月25日,中亚太阳能电源开发利用技术培训。

(三)2010年

10月11日,长江电力与俄罗斯EuroSibEnergo签署协议,将开发俄罗斯水电项目。

11月25日，俄罗斯水力发电公司与中国三峡集团签署合作备忘录。

(四)2009 年

10月9日，俄罗斯阿穆尔州水电站扩大对华出口发电量。

六、中东地区

(一)2012 年

1. 伊 朗

11月21日，来自伊朗水利和电力资源公司的水电专家12人，对四川省大唐国际甘孜水电开发公司进行了参观访问，并就长河坝水电站大坝工程技术进行了深入探讨。

2. 阿拉伯联合酋长国

1月14日，温家宝对沙特阿拉伯、阿拉伯联合酋长国、卡塔尔三国进行正式访问，并出席在阿布扎比举办的第五届世界未来能源峰会开幕式。

1月17日，中国与阿拉伯联合酋长国发表联合声明，指出双方决定建立战略伙伴关系，建立能源领域长期全面的战略合作关系，鼓励两国政府主管部门、相关企业签署并落实能源领域的合作协议。声明说，为进一步提升中阿关系水平，全面推进两国各领域友好合作，双方决定建立战略伙伴关系。

3. 沙特阿拉伯

4月6日，全球市值最大的化学品生产企业沙特阿拉伯基础工业公司决定计划投资1亿美元在中国建立一个技术研究和开发中心。

(二)2011 年

5月22日，中国东方电气与伊朗FARAB公司正式签署了Daryan水电项目3台77.8MVA发电机及励磁系统供货合同。

(三)2010 年

1月18—21日，中国清洁能源企业组团赴中东参加世界未来能源峰会。

5月13—26日，中国国电集团公司总经理、党组副书记朱永芃率代表团访问印度尼西亚、阿拉伯联合酋长国、南非三国，同三国政府有关部门负责人和电力企业高层就开发清洁能源、推进节能减排和共同关心的能源与电力问题进行友好会谈,与印度尼西亚 Adaro 公司、Bumi 公司、阿拉伯联合酋长国马斯达尔电力公司、南非电力公司等企业进行深入交流。访问期间,双方就发展风电、太阳能等清洁能源,发展以清洁能源为核心的高新技术产业,发展清洁环保燃煤发电,合作开发煤炭资源等达成高度共识,一致认为应建立企业间战略合作关系,定期开展交流,深入推进项目开发与技术合作,为应对全球气候变化、节能减排事业做出积极贡献。

9月29日,中国水利水电建设股份公司与伊朗赞江省水利厅正式签署穆山帕大坝项目合同,合同额约100.35亿人民币。

10月19日,葛洲坝集团机电建设公司承建的伊朗鲁德巴水电站最后一节肘管制造全部完成,压力钢管制造即将全面展开。

七、中亚地区

(一)2012 年

1. 吉尔吉斯斯坦

8月1日,中吉两国政府迄今最大能源合作项目,吉尔吉斯斯坦国家电网的重大能源项目工程,南北输变电通道大动脉工程"达特卡—克明"500kV 输变电工程,在克明举行开工奠基仪式。吉尔吉斯斯坦电力公司与中国特变电工公司展开友好合作。

(二)2010 年

11月12日,大唐集团与哈萨克斯坦签订《再生能源领域合作备忘录》,共同开发绿色资源。

附录二　中国节能政策法规 (2006—2012 年)^①

一、综 合 类

1. 中华人民共和国清洁能源法

2. 中华人民共和国企业所得税法

3. 中华人民共和国节约能源法

4. 中华人民共和国科学技术进步法

5. 中华人民共和国循环经济促进法

6. 公共机构节能条例

7. 民用建筑节能条例

二、宏观调控类

(一)经 济 类

1. 国务院批转发展改革委关于 2009 年深化经济体制改革工作意见的通知

2. 国务院办公厅关于转发发展改革委等部门促进扩大内需鼓励汽车家电以旧换新实施方案的通知

---

① 资料来源:中国国家节能中心。

3.国务院关于进一步实施东北地区等老工业基地振兴战略的若干意见

4.关于中国清洁发展机制基金及清洁发展机制项目实施企业有关企业所得税政策问题的通知

5.关于减征1.6升及以下排量乘用车车辆购置税的通知、关于再生资源增值税政策的通知

6.关于资源综合利用及其他产品增值税政策的通知

7.财政部、国家税务总局、国家发展改革委关于公布资源综合利用企业所得税优惠目录（2008年版）的通知

8.关于公布节能节水专用设备企业所得税优惠目录（2008年版）和环境保护专用设备企业所得税目录（2008年版）的通知

9.国家发展改革委、教育部关于学校水电气价格有关问题的通知》、《中国人民银行关于改进和加强节能环保领域金融服务工作的指导意见

10.国务院关于进一步促进中小企业发展的若干意见

11.财政部、国家税务总局关于调整乘用车消费税政策的通知

12.关于印发《节能技术改造财政奖励资金管理办法》的通知

13.财政部、国家发展改革委关于调整公布第十一期节能产品政府采购清单的通知

（二）行政类

1.关于印发矿井水利用专项规划的通知

2.节水型社会建设"十一五"规划

3.关于组织开展循环经济示范试点（第二批）工作的通知

4.关于印发《中央企业2010年效能监察工作指导意见》的通知

5.国务院办公厅关于转发发展改革委等部门节能发电调度办法（试行）的通知

6.国家发展改革委办公厅关于进一步做好贯彻落实《国务院办公厅关于限制生产销售使用塑料购物袋的通知》有关工作的通知

7.国务院关于"十一五"期间各地区单位生产总值能源消耗降低指标计划的批复

8.国家发展改革委、国家环保总局关于印发现有燃煤电厂二氧化硫治理"十一五"规划的通知

9.国务院办公厅关于限制生产销售使用塑料购物袋的通知

10.国家发展改革委办公厅关于组织第五批节能服务公司审核备案有关事项的通知

11.节能产品惠民工程高效太阳能热水器推广目录(第二批)公告

12.国家发展改革委办公厅关于请组织推荐全国循环经济工作先进单位的通知

13.国务院关于对"十一五"节能减排工作成绩突出的省级人民政府给予表扬的通报

14.国务院关于印发"十二五"节能减排综合性工作方案的通知

(三)行政规划类

1.轻工业调整和振兴规划

2.石化产业调整和振兴规划

3.有色金属产业调整和振兴规划

4.装备制造业调整和振兴规划

5.电子信息产业调整和振兴规划

6.纺织工业调整和振兴规划

7.船舶工业调整和振兴规划

8.关于印发半导体照明节能产业发展意见的通知

9.当前国家鼓励发展的环保产业设备(产品)目录(2007年修订)

10."节能产品惠民工程"节能汽车推广目录(第七批)

11.工业和信息化部发布《"十二五"中小企业成长规划》

12.财政部、国家发展改革委关于第三方节能量审核机构目录(第一批)的公告

13."节能产品惠民工程"高效电机推广目录(第二批)公告

(四)市场准入类

1.国务院批转发展改革委等部门关于抑制部分行业产能过剩和重复建

设引导产业健康发展若干意见的通知

2.国家发展改革委关于加快推进产业结构调整遏制高耗能行业再度盲目扩张的紧急通知

3.国家发展改革委、国家环保总局关于印发煤炭工业节能减排工作意见的通知

4.关于抑制产能过剩和重复建设引导水泥产业健康发展的意见

5.关于中国逐步淘汰白炽灯、加快推广节能灯项目2011年第一批公开招标子合同的招标公告

6.行业标准目录国家能源局2011年第4号公告

三、行政指导类

（一）综合性行政指导意见类

1.国务院关于加强节能工作的决定

2.国务院关于印发节能减排综合性工作方案的通知

3.国务院关于进一步加强节油节电工作的通知

4.国家发展改革委关于印发"十一五"资源综合利用指导意见的通知

5.关于贯彻实施《中华人民共和国节约能源法》的通知

6.关于进一步推进公共建筑节能工作的通知

（二）试点、示范性项目类

1.关于开展节能与清洁能源汽车示范推广试点工作的通知

2.财政部、建设部关于印发《清洁能源建筑应用示范项目评审办法》的通知

3.关于开展火电厂烟气脱硫特许经营试点工作的通知

4.关于印发"十一五"十大重点节能工程实施意见的通知

5.关于印发千家企业节能行动实施方案的通知

6.国家发展改革委关于印发重点耗能企业能效水平对标活动实施方案的通知

7.教育部关于开展节能减排学校行动的通知

8.国家发展改革委关于印发重点用能单位能源利用状况报告制度实施方案的通知

9.国家重点节能技术推广目录(第四批)

(三)国家机关、事业单位行为规范类

1.教育部关于建设节约型学校的通知

2.关于加强政府机构节约资源工作的通知

3.关于做好中央和国家机关节能减排工作的紧急通知

4.关于加强国家机关办公建筑和大型公共建筑节能管理工作的实施意见

5.关于进一步加强中央国家机关节能减排工作的通知

6.关于中央和国家机关进一步加强节油节电工作和深入开展全民节能行动具体措施的通知

7.财政部、国家发改委关于调整节能产品政府采购清单的通知

8.国务院办公厅关于建立政府强制采购节能产品制度的通知

9.关于加快推广合同能源管理促进节能服务产业发展意见的通知

10.国家发展改革委办公厅关于组织推荐重点节能技术的通知

(四)活动与重点项目治理类

1.国务院办公厅关于深入开展全民节能行动的通知》、《国务院办公厅关于加快推进农作物秸秆综合利用的意见

2.关于印发节能减排全民行动实施方案的通知

3.住房城乡建设部、财政部关于推进北方采暖地区既有居住建筑供热计量及节能改造工作的实施意见

4.关于鼓励利用电石渣生产水泥有关问题的通知

5.关于印发钢铁行业烧结烟气脱硫实施方案的通知

6.国家发展改革委办公厅关于组织开展汽车零部件再制造试点工作的通知

7.人力资源社会保障部等四部门关于表彰"十一五"时期全国节能减排先进集体和先进个人的决定

8.关于2012年全国节能宣传周活动安排的通知

9.关于组织开展交通运输行业2011年节能宣传周活动的通知

（五）标准与规则类

1.国务院批转节能减排统计监测及考核实施方案和办法的通知

2.关于印发《国家鼓励的资源综合利用认定管理办法》的通知

3.国务院办公厅关于严格执行公共建筑空调温度控制标准的通知

4.关于印发企业能源审计报告和节能规划审核指南的通知

5.建设部关于印发《民用建筑能耗统计报表制度》（试行）的通知

6.住房城乡建设部关于印发《民用建筑节能信息公示办法》的通知

四、行政给付类

1.清洁能源发展专项资金管理暂行办法

2.节能技术改造财政奖励资金管理暂行办法

3.国家机关办公建筑和大型公共建筑节能专项资金管理暂行办法

4.北方采暖区既有居住建筑供热计量及节能改造奖励资金管理暂行办法

5.高效照明产品推广财政补贴资金管理暂行办法

6.新型墙体材料专项基金征收使用管理办法

7.财政部、国家发改委关于开展"节能产品惠民工程"的通知

8."节能产品惠民工程"高效节能房间空调推广实施细则

9.淘汰落后产能中央财政奖励资金管理暂行办法

10.节能技术改造财政奖励资金管理办法

11.财政部、国家发展改革委、工业和信息化部关于调整节能汽车推广补贴政策的通知

12.关于组织申报2011年节能技术改造财政奖励备选项目的通知

五、行政执法类

（一）监督督查类

1.民用建筑工程节能质量监督管理办法

2.国家发展改革委关于加强固定资产投资项目节能评估和审查工作的通知

3.建设部关于加强《建筑节能工程施工质量验收规范》等相关国家标准宣贯、实施及监督工作的通知

4.高耗能特种设备节能监督管理办法

5.道路运输车辆燃料消耗量检测和监督管理办法

6.关于组织开展节能减排专项督察行动的通知

7.关于组织推荐第三方节能量审核机构通知

（二）管理政治类

1.国务院办公厅关于治理商品过度包装工作的通知

2.废弃电器电子产品回收处理管理条例

3.清洁发展机制项目运行管理办法（修订）

4.商品零售场所塑料购物袋有偿使用管理办法

六、技术标准类

（一）技术标准和技术规范类

1.关于试行民用建筑能效测评标识制度的通知

2.高耗能产品能耗限额强制性国家标准

3.北方采暖地区既有居住建筑供热计量及节能改造技术导则（试行）

4.中国节能产品认证管理办法

5.产品能效标准

（二）技术名录和产品名录类

1.中华人民共和国实行能源效率标识的产品目录（第二批）

2. 国家重点行业清洁生产技术导向目录（第三批）

3. 国家重点节能技术推广目录（第一批）

4. 中华人民共和国实行能源效率标识的产品目录（第三批）

5. 中华人民共和国实行能源效率标识的产品目录（第四批）

6.《节能机电设备（产品）推荐目录（第一批）》公告

7."节能产品惠民工程"高效节能房间空调器推广目录（第一批）

8."节能产品惠民工程"高效节能房间空调器推广目录（第二批）

9."节能产品惠民工程"高效节能房间空调器推广目录（第一、二、三批）部分型号的变更信息

10. 中华人民共和国实行能源效率标识的产品目录（第五批）

11. 国家重点节能技术推广目录（第二批）

12. 重点行业节水支撑技术

13. 中国节水技术政策大纲

14. 国家发展改革委、科技部关于印发中国节能技术政策大纲（2006年）的通知

15. 重点行业循环经济支撑技术

（三）技术评价体系

1. 重点行业清洁生产评价指标体系

2. 关于印发循环经济评价指标体系的通知

3. 国家发展改革委、财政部关于印发《节能项目节能量审核指南》的通知

七、其他类

1. 国务院关于成立国家应对气候变化及节能减排工作领导小组的通知

2. 国务院办公厅关于印发 2008 年节能减排工作安排的通知

3. 国务院关于落实《政府工作报告》重点工作部门分工的意见

4. 国务院办公厅关于印发 2009 年节能减排工作安排的通知

5. 关于印发千家企业能源审计工作报告的通知

6. 千家企业能源利用状况公报(2007 年)

7. 关于 2008 年全国节能宣传周活动安排意见的通知

8. 关于 2007 年千家企业节能目标责任评价考核结果公告

9. 关于 2009 年全国节能宣传周活动安排意见的通知

10. 2008 年各省自治区直辖市节能目标完成情况

11. 千家企业节能目标评价考核结果的公告(2009)

八、地方性节能法规规章

1. 重庆市节约能源条例

2. 河北省节约能源条例

3. 辽宁省节约能源条例

4. 黑龙江省节约能源条例

5. 安徽省节约能源条例

6. 山东省节约能源条例

7. 河南省节约能源条例

8. 广东省节约能源条例

9. 陕西省节约能源条例

10. 宁夏回族自治区实施《中华人民共和国节约能源法》办法

11. 长春市节约能源条例

12. 宁波市节约能源条例

13. 厦门市节约能源条例

14. 湖北省实施《中华人民共和国节约能源法》办法

附录三　亚太地区能源发展前景^①

一、澳大利亚

1.澳大利亚将迅速成为燃气的生产国和出口国

2.燃气和可再生能源在发电方面的作用增加

3.对主要能源的需求增长集中在对低排放能源的需求方面

4.温室气体的排放基本稳定

二、东盟国家

东盟国家能源发展的不确定性集中在：

1.未来石油和天然气产量，尤其是印度尼西亚、马来西亚、文莱

2.地热能的地位

3.核能的地位，以越南为主

4.煤炭的地位，以新加坡为主

结论 1：石油安全在东盟地区仍然是主要威胁

依赖进口石油意味着：

1.受地区政治影响

2.受国内及国际石油公司影响

①　资料来源：APERC：APEC Energy Demand and Supply Outlook 4th。

3.油价受石油输出国的影响越来越大

4.受中东及非洲运输安全的影响

可能的后果有:

(1) 石油价格持续波动。

(2)较高的石油供给中断风险。

三、美   国

1.美国将小幅增加石油和天然气产量

2.天然气和清洁能源在发电方面的作用增加

3.对主要能源的需求集中在对低排放能源的需求方面

4.温室气体的排放基本稳定

四、中   国

1.中国持续高速经济发展

2.除去能源强度的改善,中国对主要能源的需求增加

3.虽然中国能源产量提高,但是进口也会迅速增加

4.核能、清洁能源、氢能和天然气在发电方面的比重逐渐增加,但煤炭依然占主体地位

5.温室气体的排放量增加

五、香   港

1.香港限制港内需求的增长,但是国际运输决定了港内需求

2.天然气和进口能源(主要是核能)决定了发电量

六、秘   鲁

1.秘鲁的能源产量将在未来的5年增长,但5年后的情况不明朗

2.各行业的需求均迅速增加

3.发电燃料为天然气、水力和少量石油

附录四　其他国家或地区发展清洁能源机制与法规介绍[①]

菲　律　宾

一、潜在清洁能源

1. 生物质能——235.7MW
2. 地热能——1 200MW
3. 太阳能——平均 5(kW·h)/m²/day
4. 氢能——10 500MW
5. 潮汐能——170 000MW
6. 风能——76 600MW

二、分布于吕宋、维萨亚群岛、棉兰老岛

三、法　　案

《2006 年生物质能法案》：提供财政刺激并且强制使用混合汽油和柴油。

《2008 年清洁能源法案》：给个体工商户和生产厂家提供财政和非财政两方面支持。

---

① 资料来源：亚太能源研究中心 2012 年 2 月年会，由本书作者搜集、整理、翻译。

四、清洁能源法案的构成

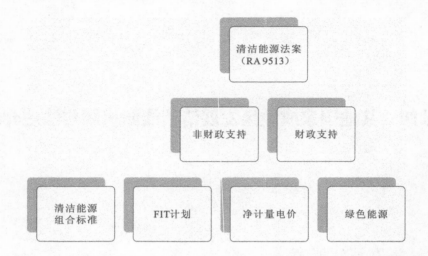

财政方面的刺激的受益者是清洁能源的发展方和当地清洁能源的提供方,手段主要为优惠税率和控制货币升值等。

五、电价补贴

1. 电价补贴的范围是:风能、天阳能、潮汐能、河流水电、生物质能
2. 第一个补贴阶段为 20 年

六、各个机构的功能

1. NREB:提供建议等
2. DOE:执行 NREP、建立清洁市场规则和信用基金等
3. ERC:建立 FIT 规则、建立 FIT 补贴、调整 FIT 等

印度尼西亚

一、2010 年能源现状

1. 公众可获取的能源仍然有限(供电普及率为 67.15%)

2. 能源消耗年平均增长 7％，与能源供给不平衡

3. 仍以化石能源为主（占 95.4％），储量更加有限

4. 清洁能源利用和能源节约状况不够理想

5. 计划至 2020 年全国减排 26％

6. 能源领域开发经费依然不足

二、主要战略

1. 节约能源，提高从上游到下游（需求方）的能源利用效率，如工业、运输、家用和商业领域

2. 使能源多样化，提高新型清洁能源在国家能源结构（供应方）中所占的比例

例如，在非清洁能源方面有液化煤、煤层气、气化煤、核能、氢能；在清洁能源方面有地热能、生物质能、水电、太阳能、风能、潮汐能。

三、推动新型和清洁能源发展的政策

	法案	内容
1	2007 年能源法案	政府应支持清洁能源和清洁能源的开发 政府应支持新的清洁能源的开发直至其发展成熟
2	2009 年电力法案	优先选用当地可利用资源来发电 采购过程以直选完成
3	2003 年地热能法案	规范地热能的管理和开发

四、能源供应结构规划

至 2025 年，提高清洁能源和清洁能源的使用，预计比例达到 25％，逐步减低对传统能源（石油、燃气、煤炭）的依赖，使其占比降至 75％。

五、困难与挑战

1. 清洁能源初期投资巨大，无法与传统发电方式（燃用化石发电）相比

2. 开发太阳能光伏发电和风能投资没有上网电价补贴

3. 推动面向清洁能源利用的行业发展需要激励机制

4. 社会缺乏利用"绿色能源"的意识

5. 清洁能源在社会中的应用教育和普及不够

6. 为新型和清洁能源利用创造有利条件

六、结　　论

1. 尽管迄今尚未得到广泛利用,但是印度尼西亚清洁能源的潜力巨大

2. 为了鼓励开发和利用可再生资源,印度尼西亚政府推出了多项发展计划

3. 清洁能源问题必须整体解决,持之以恒

4. 需要为新型和清洁能源投资解决融资问题

马来西亚

一、马来西亚能源状况

1. 马来西亚电力体系有待进一步发展

2. 未来趋势预测（2007—2029 年）

(1)对天然气和煤炭的依赖度高。

(2)煤气只能为电力部门提供有限支持。

(3)国家天然气储备减少。

(4)具有竞争力的煤炭市场。

(5)需要寻找清洁能源:核能,清洁能源等。

二、国家清洁能源政策及行动计划

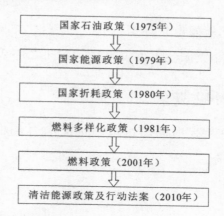

国家石油政策（1975年）

⇩

国家能源政策（1979年）

⇩

国家折耗政策（1980年）

⇩

燃料多样化政策（1981年）

⇩

燃料政策（2001年）

⇩

清洁能源政策及行动法案（2010年）

三、马来西亚清洁能源方案

（一）清洁能源开发迟缓的原因

1. 市场失调

2. 制约因素：经济、金融、技术

3. 缺少法律框架：防止市场失调

4. 清洁能源定价随意

5. 关系紧张和难以取舍：预期工程将承担清洁能源较高的成本的困境

（二）马来西亚国家再生能源政策

1. 宗　旨

提高本国清洁能源资源利用率，为增强国家供电安全性和推动社会经济可持续发展做出贡献。

2. 目　标

提高清洁能源在国家能源结构中所占比例；推动清洁能源行业发展；确保清洁能源发电成本合理；为子孙后代保护环境；提高对清洁能源的地位和重要性的认识。

（三）马来西亚国家清洁能源目标

2010—2030年，清洁能源容量从73MW上升到4 000MW，需要注意的是,清洁能源容量的上升需要资金的支持。

(四)其他计划

1.现行计划:太阳能发电量计划

2.目标:到 2020 年太阳能上网发电量达到 1.25GW

四、上网电价补贴概念

概念:一种允许在特定时间段内以高价向电力企业出售利用本地再生能源资源所发电的机制。

五、结　　论

(一)清洁能源成功的主要因素为政策推动

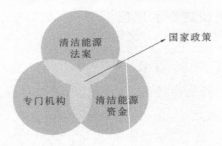

电价补贴涉及法律和资金两方面。

(二)截止到 2020 年的潜在影响

1.至少节约 21 亿外部成本

2.清洁能源项目至少获得 19 亿贷款

3.清洁能源项目至少获得 70 亿收入

4.创造了至少 5 万个工作岗位

中国台湾地区

中国台湾地区自 2008 年起制定了一系列的能源方面政策,旨在在 2025 年建成低碳能源体系。

一、可持续能源政策指导方案

目标：追求能源效率，清洁能源和稳定能源以创造能源生产、环境和经济发展的"三赢"。

政策原则即"两高两低"：

1. 高效

2. 高附加值

3. 低排放

4. 对进口能源低依赖度

二、2009 年台湾能源会议

主要议题：在 2025 年建成低碳能源结构。

主题：发展低碳能源；发展清洁能源；更新发电站；使用核能。

三、2000—2010 年台湾能源情况

1. GDP 增长与能源消耗逐渐脱钩

2. 能源强度（energy intensity）逐步改善

3. 首次实现二氧化碳排放的负增长（2008—2010）二氧化碳的排放强度也逐渐降低

4. 应供电而产生的二氧化碳（electricity emission factor）排放量自 2008 年起逐步降低

四、台湾发展清洁能源法案

1. 目标

加强清洁能源设施建设，提高能源多样化，提高环境质量，发展相关产业，提高全国的可持续发展。

2. 清洁能源的定义

包括太阳能、生物智能、地热能、潮汐能、风能、非抽水蓄能水电、固体废

物处理产生的能源。

五、节约能源及降低排放的总体规划

目标：

1. 提高能源效率

能源强度每年降低 2％，至 2015 年总体降低 25％；通过技术创新和行政手段使到 2025 年能源强度降低 25％。

2. 减排

目标将 2020 年的二氧化碳排放量降低到 2005 年的水平，将 2025 年的二氧化碳排放量降至 2000 年水平。

3. 提高低碳能源比例

到 2025 年，使低碳能源在电力系统中的份额提高到 55％。

六、低碳产业——四大项目

1. 工业节能和碳减排项目
2. 对能源密集型行业进行环境影响评估的政策
3. 绿色项目产业项目
4. 农业节能和减排项目

绿色产业一方面发展清洁能源，另一方面提高节能，主要产业有太阳能光伏产业、LED 灯，潜在的行业有风能、生物质能、氢燃料电池、EICT 及电动车。

七、节能及碳减排的里程碑（截至 2011 年 9 月）

1. 清洁能源的新纪元

(1) 在清洁能源发展法案及相应法规出台之后，清洁能源迅猛发展。

(2) 太阳能热水器的密度排全球第五。

(3) 中国台湾地区是亚洲第一个在没有任何补贴的情况下大规模推广生物柴油的经济体。

2.减排以建成低碳社会

2008—2011 年节电 12.3 百万 kW·h。

3.成为全球绿色能源工业主要基地

全球第八大制造风力发电机组的经济体。

八、台湾的清洁能源政策

1.确保核能安全

2.逐步降低对核能的依赖

3.建设一个低碳的绿色能源环境

4.逐步朝一个无核地区发展

原则:确保没有用电限制,保持合理的电价,实现全球碳减排任务。

支持措施:积极采取节约措施及碳减排,稳定电力供应。

九、台湾清洁能源展望

1.发挥清洁能源的最大潜力

此目标受技术影响,并需要考虑成本效应,优先发展低成本能源。按发展阶段进行,如从浅水好发展的地方开始,逐步发展到水深的地方。

2.提前 5 年达到 6 500MW 清洁能源的目标(从 2030 年提前到 2025 年)

十、结   论

1.清洁能源法案和相关法规为清洁能源的持续长期发展铺平了道路

2.多种刺激鼓励台湾的清洁能源投资

3.清洁能源的发展会给台湾带来繁荣

4.中国台湾地区支持持续的清洁能源发展

俄罗斯:对核能的选择

一、亚太地区的低碳能源发展计划

绿色可持续发展对亚太经合组织国家的繁荣发展至关重要。

二、核能全球发展状况

1. 切尔诺贝利事件影响加之事件之后原油和煤气的价格较低,核电站在 1987—2006 年的建设较少

2. 由于缺乏新建的核电站,全球核能产量在 2000—2010 年止步不前

3. 2007 年核能的建设和利用开始复苏,2007—2010 年建了 40 多个,其中 80% 在发展中国家

4. 发展中国家更需要能源,然而石油、燃气和煤炭价格高、不易获得并且碳排放量大,清洁能源的竞争性仍值得商榷

5. 根据 2011 年的调查,大于 1/3 的国家没有减少核能的使用,1/3 的国家在一定时期停止了发展核能,将近 1/3 的国家在一定时期推迟了核能的发展

三、全球核能发展趋势和前景

1. 核能在能源消耗中所占比例从 2009 年的 6% 增加到 2035 年的 7%

2. 到 2035 年经合组织成员国的核电量将从 53 千 KMW 增加到 380KMW

3. 有 17 个国家宣称将建核电站

4. 核电站的发电量将占全球电量的 13%

5. 福岛核事故并未对中国、印度和韩国的核政策产生影响

四、2050 年能源路线图

1. 核能的使用将降低电力系统成本和价格,核能作为非碳能源仍将是

欧盟的一种选择

2.核能是"去碳化"的途径,是欧盟非碳电能的主要来源

3.在安全方面投入的费用、需拆除的核设施、需填埋的放射性废物可能会增加,但新技术可能会解决这些问题

五、核电站对人类的影响

1.核电站放射物的排放极低,比自然资源低5—6倍

2.俄罗斯核电站对人类及环境的影响极低

六、依据2030年俄罗斯能源战略,俄罗斯核能源的主要任务

1.提高能源效率以及核能的总体竞争力

2.建立一个由资源—能源生产—废物管理的复合体

3.制定该领域的投资政策,实现可持续发展,创新和提高效率

4.利用创新技术提高安全性和可靠性

5.建立俄罗斯能源机械生产、建议和安装联合体

七、俄罗斯核电站建设的基本原则

1.多级防护

2.核反应堆装置自我安全措施

3.安全屏障

4.多级安全措施双保险

5.确保故障预防措施到位

6.从选址到报废,在所有环节强调安全

7.使用核电站自己的预防和应急设施

8.正确选择核电站厂址

八、俄罗斯核能发展方向

1.开发以下技术

(1)安全性高的核反应装置技术。

(2)第四代反应装置技术。

(3)浮动核电站技术。

(4)中小型核电站技术。

(5)燃料循环使用技术。

2.建设新的核电站

3.开发铀资源

4.建设能源工程工业

九、制约俄罗斯发展核能的因素

1.缺少资金,无法对以前的核工业进行现代化更新

2.建设及研发费用很高

3.缺少人力资源

4.相关辅助行业水平低下

5.必须调整工序关系,以实现平衡发展

十、建立安全、创新核能工业的原则

1.国家投资

2.国际合作

3.促进辅助行业的竞争

秘鲁:能源综合战略

一、秘鲁的地理位置

秘鲁地处南美洲的中部,对于进入东南亚和美国市场有战略意义。

二、秘鲁与能源政策有关的部门

1.能源矿产部

制定能源政策和法律规定。

2.能源和矿产监督机构（OSINERGMIN）

设定与能源设备有关的税费并监督能源公司是否遵守国家制定的相关章程。

3.投资促进委员会（PROINVERSION）

按国家政策的要求进行能源方面的投资。

三、秘鲁长期能源政策

愿景：依靠正确的规划、持续研究和技术革新，核能是满足国家对可靠、持续和高效能源需求的途径，可推动可持续发展。

四、秘鲁的当前政策

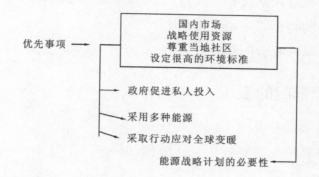

五、秘鲁的能源潜力

可利用清洁能源生产大量电能，其目前的电能需求不足 5 000MW。

六、秘鲁 2010—2040 能源政策

1.多种、可持续的、有竞争力的能源供应，强调使用清洁能源和提高能效

2.广泛使用电能

3.对环境影响降到最低，并实现低二氧化碳排放

4.见识一个成熟的天然气工业

5.加强能源部门制度化管理

七、秘鲁能源政策工具

1.灵活的法律框架

2.独立的监督机构

3.规划

4.对电力行业进行财税补贴

5.通过拍卖的方式刺激清洁能源发展

八、秘鲁能源政策制定的社会经济背景

1.尽管人力发展指数(HDI)有所提高,但在某些地区还很低

2.尽管收入分配情况有所改善,但地区差异还较明显

3.最重要的目标之一是消除贫困

4.解决环境和社会问题

九、能源部门的表现

1.能源需求持续增加

2.尽管秘鲁的人均能耗还是比较低,但1990年至2009年其人均能源消耗增加了21%

3.能源结构有所改变

4.1970—1990年,对原有和木材的需求占总能源的80%

5.对天然气的需求增加

6.实际上,石油占39%,天然气和液化气占33%,水能占11%,其他占17%

7.能源贸易平衡也是一个重要方面

8.2011年,自然资源出口抵消了原油和燃料赤字

9.行业能源消耗:1970—2009年61%的增长发生在交通部门,38%发生在矿业部门

十、能源行业的挑战

秘鲁经济有增长的压力,并且必须克服巨大的挑战才能提高居民生活质量。

1.保持高速经济增长

2.继续扩大能源的可获得性

3.增强工业竞争性

十一、秘鲁各行业诊断分析

1.电力行业:设定合理价格以保证可持续发电,多种能源供给,扩大电力覆盖率

2.液态氢碳行业(Liquids hydrocarbons' sub sector):持续开采、发展运输、调整派生产品的质量和价格自由度

3.天然气行业:长期天然气的持续开采、发展石油化学工业

4.清洁能源行业:提高法律法规,扩大运输范围,要评估传统技术的外部性以及化境和社会收益

5.能效评估:发展项目,防止关税政策降低能源效率,提高新技术的发展

十二、能源未来

1.秘鲁应继续发展经济,能源的发展将伴随着经济的发展

2.秘鲁的水电能和天然气潜力大

3.在政府的支持上,秘鲁的地热能有前景

4.秘鲁的能源发展显示,在政策的鼓励下,私人投资会增加以满足发展需要

附录五　清洁能源国际合作优质案例

案例一　亚太经济合作组织的低碳城镇工作[①]

发展低碳城镇有多个重要议题,例如规划战略、低碳城市设计、低碳技术、低碳政策措施与低碳金融等。基于我在亚太低碳城镇示范项目中积累的经验,我将为大家重点介绍一下低碳城镇的规划与战略。

一、亚太经合组织背景

亚太经合组织始于 1989 年,12 个成员组成了非政府的部长级对话,创立亚太经合组织。

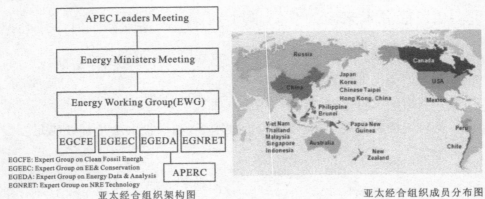

EGCFE: Expert Group on Clean Fossil Energh
EGEEC: Expert Group on EE& Conservation
EGEDA: Expert Group on Energy Data & Analysis
EGNRET: Expert Group on NRE Technology

亚太经合组织架构图　　　　　　　　　　　　　亚太经合组织成员分布图

---

①　作者 Satoshi Nakanishi,亚太能源研究中心亚太能源研究中心前总经理,能源顾问。

二、低碳城镇政策法律体系

二氧化碳的减排和可持续能源的发展是一个全球性问题,国家和地区政府要发挥重要作用共同应对这个挑战,因此国家需要出台高层面的政策框架来指导地方政府和城镇采取行动应对问题;也需要出台倡议来支持各地方政府的努力。目前很多国家都有减排目标和行动计划。2010 年 6 月第九次能源部长级会议承认了城镇二氧化碳减排的重要性,并推出了低碳示范城镇项目。

(一)欧美国家体系

欧盟各成员国都会支持地方政府出台政策减少二氧化碳排放,此外欧盟还实施促进城市低碳建设的政策,例如:CONCERTO (2006),Covenant of Mayors(2008),European Green Capital(2008)。作为非政府组织支持地方政府减少二氧化碳排放的 Climate Alliance(1990),已经有超过 1 600 个国家参与;美国环保局及城市和地方政府都为减少二氧化碳排放做出努力,例如:Energy Efficiency and Renewable Energy(EERE)Clean Cities Program of DOE,(1993)Local Energy and Climate Program of EPA;与此同时美国气候保护协议承诺为二氧化碳减排的城市提供资源支持,并已经有超过 1 000 个城市参加。

(二)日本与中国体系

2008 年日本采取了一些措施来积极应对气候变化,日本政府考虑到大城市的社会、自然条件,他们有义务制定策略减少二氧化碳排放。2010 年中国政府选取了 5 个省和 8 个市作为试点进行低碳城镇的发展。

(三)东南亚国家体系

当地出台了国家政策促进低碳城镇的发展,若干低碳城镇的项目正在规划或执行当中。

三、低碳城镇规划与战略

(一)强大的领导力

强大的领导力和政治承诺在发展低碳城镇方面发挥着至关重要的作用。去年我走访了几座发展中的低碳城镇,例如越南间刚、印尼泗水、菲律宾、素屋和中国天津市,发现他们的发展计划有的并不是关注低碳,而是关注绿色城市和循环城市,但是无论哪种政策偏向,当地政府都有很强的领导力和政治支持力度,显然他们要为下一代人发展一个可持续的社会。在今天的会议中,天津市和大连市显示出了很好的政府领导精神。

(二)明确的使命

著名管理大师彼得·德鲁克说有效的领导必须思考并明确组织的使命。所以我们必须为一个可持续的城镇设定一个使命或愿景,这样我们才能够衡量实现目标过程中所取得的进步,也可以对二氧化碳减排的行动计划进行评估。

(1)当设计一个愿景的时候需要考虑城镇目前和将来所面临的问题。不同的城市有不同的社会经济情况、自然地理条件,为了设计合理的愿景并采取可行的低碳措施,就要考虑各地能源供求的独特情况以及二氧化碳排放的架构。在某些情况下,需要在一个区域的层面思考能源的供求问题和二氧化碳排放的架构,例如天然气的供应设施覆盖多个城市,选择合适的解决方案是发展低碳城镇的核心。

(2)要设定具体的减排目标,同时也要有衡量目标的正确、适合指标。中央政府、地方政府和市政府之间必须进行密切的合作和协调,当地机构要出台相关的二氧化碳监测和评估机制,并可以设立一些示范中心及碳交易市场以让利益相关方达成共识。

(3)必须要为低碳城镇的发展制订一个长期的路线图,出台中长期的措施,并把短期措施和中长期的措施结合起来。城市的规划需要很长时间,例如大规模的集中供暖和制冷的系统在集体执行之前需要利益相关方之间开展大量的协调工作。

四、亚太低碳城镇项目执行战略

亚太低碳城镇项目执行战略分别为：给政府官员提供支持；相互学习借鉴；对所选择低碳试点城镇的政策进行审议；对所选择的低碳示范城镇出台路线图。

建设亚太地区低碳示范城市是为了创建更多更好的社区。低碳城镇发展规划的能力建设是至关重要的，为了提高能力建设已经建立了由低碳城镇规划和技术专家、相关的成员经济体所提名的政府官员组建的研究组 A，包括中国、印度、日本、马来西亚等国家的一些城市，比如说越南建岗、印尼布城等成为低碳示范城镇。

五、成功实践案例

低碳城镇项目第一期于家堡金融中心面积 3.5 平方千米，人口 50 万；第二期苏梅岛（Samui Island）面积 200 平方千米，人口 5 万，游客每年 100 万；低碳发展的愿景是创建一个环境友好型的海洋独家圣地，通过酒店、交通、运输使他们变得更加绿色清洁，吸引更多的游客；第三期项目越南建岗（Marble District，Da Nang）人口 100 万，目前需解决的城镇问题如交通拥堵、水污染、空气污染、城市建设等。

于家堡金融区　　　　　　　泰国苏梅岛　　　　　　　越南建岗

于家堡金融中心的愿景是创建一个具有国际竞争力的低碳金融商业中心来吸引世界范围内的一流商业实体入住，同时让人们享受高质量的城镇生活。第一期项目于家堡金融区的政治审议是政策审议报告的一部分，我们需要参考非常复杂的全面分析，以便能够选择适合的低碳措施。国家发改委、国家能源局是于家堡项目的国家检测审查机构,天津市政府和于家堡地方政府为以上目标共同做出努力。

政府应当建立定期评估与审计每个建筑能效的机制,若发现实际情况与预期出现大的差异,业主应当分析其原因并立即采取补救措施。同类型建筑物之间可以对其能效指标进行比较评估。

DHC 系统表现审查机制与风险评估,详细分析建筑的冷热负荷变化,并考虑不同的建筑、地块、天气条件,然而依然存在其他的参数如天气、人口密度、占有率、人类活动等,将影响到 DHC 系统性能。DHC 系统将逐步改进,响应系统中每一个变化的参数。为避免不必要的误会并分清有关部门责任,风险矩阵应当十分明确清晰,使得各部门整个过程都能够共享信息。

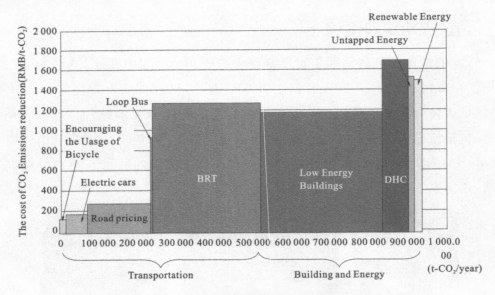

于家堡的二氧化碳减排目标路线图

六、总　结

东南亚的一些国家和地区已经推出了低碳城市清洁能源发展项目,企业界也做出了很多努力来促进清洁能源的发展以及推动高能效大楼和交通的发展,亚太经合组织的成员经济体也必须促进低碳城镇的发展。

七、亚太地区政府为低碳城镇建设做出的努力

河内市政府已经推出了清洁能源发展的项目（2012—2015年），促进清洁能源社区的发展。

泰国设立了一个极具挑战性的目标，在2021年利用清洁能源发电9.2kW，同时增加清洁能源社区的规模。

中国积极推进热电联产，国家发改委设定的目标是2020年达到200kW的热电联产。

亚洲开发银行提供了6亿美元的绿色项目支持，将为清洁能源建设、二氧化碳减排、扩大环保运输和保护快速发展的中国二线城市脆弱的湿地地区服务。

菲律宾太阳能联盟正在发展私人物业公司的太阳能屋顶项目。

印度尼西亚的地热发电厂生产能力在2012年末将达到1 342MW。

马来西亚宣布申请2MW的屋顶光伏项目，并将在2013年达到6MW。

在印度尼西亚雅加达，一座完全符合绿色建筑认证标准的高层建筑正在建设中。

在中国的齐齐哈尔市，第一个太阳能混合公交巴士出现。

八、亚太经合组织低碳城镇项目

1.低碳示范镇（lcmt）项目（2011年—　　）

2.节能智能社区倡议（esci）（2011年—　　）

3.低碳示范镇论坛（2011年6月）

4.低碳城市化论坛（2012年11月）

九、亚太经合组织低碳技术与政策

1.环境建设的发展（2008年）

2.亚太地区城镇环境下清洁能源与清洁能源技术的最佳做法（2008年）

3.亚太经合组织关于冷屋顶的审查经验、最佳做法以及优势(2009年)

4.亚太经合组织能源效率同行互查(2009年——)

5.亚太经合组织低碳能源同行互查(2011年——)

6.亚太经合组织智能电网计划(2011年——)

案例二 亚太经合组织交通和能源部长级会议

2011年9月13日 旧金山,加利福尼亚

亚太经合组织面向低能耗、低碳可持续交通未来迈进的行动议程

一、交通在清洁能源未来中的作用

2007年,亚太经合组织领导人同意到2030年将亚太地区经济产出的能源强度在2005年的基础上降低至少25%。亚太经合组织能源工作组的分析表明,能源强度减半的目标是可以实现的。由于在全部能源消耗和温室气体排放中交通业占据着较大比例,我们要求能源工作组和交通工作组对亚太经合组织地区范围内交通行业真正可以实现的能源强度减少百分比进行评估。

2009年,亚太经合组织领导人和能源部长宣布承诺"在中期范围内使造成浪费性消费的化石燃料补贴趋于合理化,并逐步淘汰,同时也要认识到向有需求的用户提供必要能源服务的重要性。"由于许多现有的化石燃料补贴造成交通燃料的浪费性消耗,我们要求能源工作组与国际能源机构合作,分析亚太经合组织范围内与化石燃料补贴有关的经济成本,并树立消除这些补贴而又保护贫困人口的典范做法。

二、宜居、低碳社区的能源和交通系统

公交引导发展的宜居社区、扩大的公共交通通道、自行车道和人行道可以提高亚太地区人们在快速城市化中的生活质量,同时还可以减少能源使用、碳排放和旅行时间。因此,我们指示交通工作组和能源工作组,为衡量宜居型干预措施对交通时间、能源使用和碳排放的影响而出台绩效指标。

我们进一步指示能源工作组和交通工作组，树立减少亚太经合组织地区城市客运旅行时间、能源支出和碳排放的典范做法，落实第九届能源部长级会议发出的低碳示范城镇倡议，推动完成正在起草中的"智能能源社区倡议（ESCI）"，并通过"可持续性能源效率设计合作（CEEDS）"项目听取专家的意见。

我们进一步指示交通工作组研究扩大使用公交引导发展、快速公交、自行车道和人行道的恰当理论目标，这项工作可以纳入对交通业降低能源使用强度潜力的评估之中。

三、实现低碳交通：生物燃料和电力

降低交通行业能源强度和碳强度的关键策略是将以汽油和柴油为基础的燃料转化为生物燃料和电力混合型动力，前提是生物燃料和电力要以减碳方式进行生产。因此，我们指示能源工作组和交通工作组为增加使用生物燃料、电动车和替代燃料交通系统而研究出适当的目标。

能源工作组的生物燃料特别工作小组发现，从农田和森林残留物中提取的第二代生物燃料可以取代亚太经合组织地区 2/5 的汽油消耗以及 1/5 的原油进口，同时还可以创造大量的就业机会。因此，我们敦促能源工作组和各个亚太经合组织经济体，更加详细地审议和评估随着时间的推移可以切实开发出来的这一资源和就业潜力。

电动车与传统汽车相比可以大幅降低能源使用和温室气体的排放，因为发电厂远比内燃机的效率高，而且可以从混合低碳燃料中产生电力。因此，我们要求交通和能源工作组树立亚太经合组织范围内的典范做法，鼓励更多地使用电动车，并通过务实及讲求成本效益的方式扩展电动车充电基础设施的建设。

四、供应链绿色化：讲求能源效率的货运交通

货运交通占据着亚太经合组织范围内交通行业能源消耗相当大的比例。因此，我们要求能源工作组和交通工作组，在与产业界磋商的情况下，

审议随着时间的推移在货运交通领域能效改善方面可以实现的目标。

少数几个亚太经合组织经济体已经分别实施了联合交通战略,通过鼓励货物承运商将卡车等能源密集型交通方式改为铁路、驳船和海运等能源经济型交通方式而减少货物交通的能源强度和环境影响。因此,我们要求交通工作组,树立亚太经合组织范围内,在迄今实施的策略基础上推动联合交通货运的典范做法,其中包括为鼓励联合交通而对基础设施予以适当的扩建。

在亚太经合组织经济体中许多公司已经实施了货运物流战略,以确保他们的卡车、铁路车厢、船舶和飞机每次行程都能够更充分地满载,进而提高他们货物交通业务的整体燃油效率。因此,我们要求能源工作组和交通工作组与亚太经合组织工商咨询理事会(ABAC)合作,建立一个同意为减少能源使用并记录节约成本、节约能源和减碳策略而设定自愿目标的货运承运商网络。

案例三 "APEC 分布式能源论坛"综述
——兼论中国天然气分布式能源的发展①

天然气分布式能源是天然气利用的重要发展方向。2012 年 12 月 13 日,由中国人民大学主办、中国人民大学国际能源战略研究中心承办的"APEC 国际会议暨分布式能源论坛"在上海举行。该会议是在亚太经济合作组织目"通过分布式能源提高亚太经济合作组织低碳示范城镇的能源效率和促进可再生能源的使用——潜力、挑战与对策"1(APEC EWG 17 2011A)基础上召开的。会议交流分享了亚太经合组织所属经济体在分布式能源研究、技术开发及政策发展中的经验与教训,探讨在亚太经合组织现有合作框架下能源合作机制的改进等相关问题,以及天然气分布式能源在中国的试点项目、遇到的问题和前景。我国发展天然气分布式能源已有 10

---

① 参见《国际石油经济》2013 年第 1—2 合刊。项目组长为许勤华。

多年,目前仍存在成本高、并网上网难等问题,与会专家的经验交流对中国发展分布式能源有很好的启示和借鉴作用。

一、亚太经合组织发达经济体分布式能源发展

分布式能源发展初期都会遇到不少障碍与挑战,尤其是体现在改变大型发电厂的传统发电方式、相关技术标准不统一等问题上。依靠政策引导和资金扶持,亚太经合组织区域内发达经济体有效地应对发展中的技术障碍与各种挑战,大力发展分布式电力系统;政府在制定鼓励措施、提升公众认知、协调相关利益方、提供客观信息等方面发挥着重要作用,这些经验对于中国发展分布式能源具有很好的借鉴作用。

(一)技术发展是分布式能源的主要驱动力

1.美国:分布式能源发展的重点是微电网+智能电网技术的结合

据美国西太平洋国家实验室 Cary Bloyed 博士介绍,美国发展分布式能源的主要目的是提高能源自给率,并强调智能电网特别是微型智能电网对分布式能源的支持作用。微型智能电网是一组有明确电力边界的相互关联的负载和分布式能源的集成,可以充当电网的独立协调实体。微型智能电网能够实现与电网的并网和断网,使其既能连接电网也可以成为独立模块。微型智能电网技术应用的前景主要在医院等相关重要基础建设、大学校园、军事基地等。目前,美国有 9 个利用分布式能源的示范性项目,分布在 8 个州,至少降低了 15% 的配电线路峰值需求,这些项目主体都是微型智能电网及相关技术。近 5 年来,美国能源部投入了 5 500 万美元在分布式系统集成项目上,加上其他参与方的投资,总价值超过 1 亿美元。

2.新西兰:利用可再生能源发展分布式发电

新西兰能源效率与节能管理局(EECA)专家 Shaun Bowler 介绍,新西兰的分布式发电,即设在用户端的设备系统生产的电力优先就地使用,富余电力输出到总电网,或出售给其他用户、零售商或市场。当前新西兰的分布式发电系统装机容量达 900 兆瓦,其中 86% 利用可再生能源。新西兰可再生能源占其能源消费结构的 40%,在国际能源机构成员国中,这一比例仅

次于冰岛。通过发展多种类的可再生能源,2011 年新西兰可再生能源发电占总发电量的比例已达 77%。新西兰政府的目标是最大限度发挥能源的潜力,包括发展多样性能源资源、注重环境责任、高效利用能源、提高能源使用的安全性和可负担性。为解决发展分布式可再生能源发电系统面临的困难,包括前期融资、数据采集、资源和建筑的许可、富余电力出售、环境外部性等方面存在的问题,2008—2010 年新西兰政府为 30 个项目融资 44.7 万美元,同时努力解决信息难题,发展分布式发电市场,促进项目的商业可行性,并提升社会整体对分布式发电的认知。

(二)政府政策对发展分布式能源起到重要引导作用

康明斯亚太地区能源解决方案业务总经理 Tony Blaubaum 指出,降低能源资源价格、提高能源供给安全性、减少排放、追求环境可持续发展是政府支持分布式能源发展的关键性因素,澳大利亚、美国和欧洲国家为分布式能源发展制定和实施了有效的政策。

澳大利亚是世界人均二氧化碳排放量最高的国家之一,也是发达国家中人均污染最严重的国家,其碳排放占全球总排放量的 1.5%。2012 年 7 月 1 日起,澳大利亚全面实施 2011 年 11 月通过的碳税法案,对约 300 个碳排放最严重的企业强制性征收碳排放税,每吨 23 澳元(约 24 美元),这一价格为世界上类似方案的最高法定价格。这项碳税法案使得澳大利亚政府更加关注提升能源利用效率和降低二氧化碳排放,因此分布式发电比传统发电厂显得更有吸引力,且更能适应新的国际标准。但是,澳大利亚分布式发电存在设备的联接入网程序不清晰、技术标准不明确、成本信息不充分等问题,从而影响了其分布式发电的推广。澳大利亚政府从政策入手,在改善电气价格体系、激励机制、采购政策等方面着手,促进燃气分布式能源的发展。

美国在发展分布式能源方面的障碍主要包括:缺乏新型发电系统工程技术方面的沟通,富余电力并入电网的价格问题,电网接入方面的技术标准等。2012 年 8 月 31 日,奥巴马签署总统令,要求加大在提高工业能源效率上的投资,强调了热电联产项目在工业生产中的重要性。具体来说,其目标是在 2020 年实现新增 40 000MW 热电联产装机容量,每年减少二氧化碳排放 1.5 亿吨；同时重点解决电网对接中的技术障碍以及政府部门与公共事业公司为其提供财政激励。对于热电联产系统，美国的经验是长期对工厂进行良好维护以保证产出效率，并提供激励措施鼓励现有项目取得更高的效益。

欧洲地区也在积极推广分布式能源的利用。英国在 2011 年 12 月的"碳计划"中提出，要大力发展燃气发电，当前英国热电联产装机容量为 6 100MW；欧盟热电联产总装机容量为 105kMW，其中德国占 21%。欧盟热电联产项目之所以发展较好，是由于其鼓励发电系统输出富余电力，价格高达 45 美元/(MW·h)。

二、我国天然气分布式能源发展

与传统发电方式相比，天然气分布式能源具有重要优势：提高能源利用效率，节能减排；发挥对电网和天然气管网的双重削峰填谷作用，增强能源供应的安全性；具有较好的经济效益，节省社会公共成本。我国天然气分布式能源的发展已有 10 多年，国家及部分省市相继颁布了相关政策法规扶持发展，在全国范围内也建起了部分具有代表性的示范项目，为天然气分布式能源的进一步发展奠定了良好的基础。

(一)政策扶持

2011 年 10 月 9 日，国家发展改革委员会、财政部、住建部和能源局四部委共同发布了《关于发展天然气分布式能源的指导意见》（以下简称"《意见》"），为天然气分布式能源的发展创造了较好的外部环境，标志着我国天然气分布式能源发展将进入快车道。《意见》提出了分布式能源发展的主要任务和目标："十二五"初期启动一批天然气分布式能源示范项目；"十二五"期间建设 1 000 个左右天然气分布式能源项目，并拟建设 10 个左右各类典型特征的分布式能源示范区域；到 2020 年，在全国规模以上城市推广使用分布式能源系统，装机规模达到 5 000 万 kW，初步实现分布式能源装备产业化。

2012 年 7 月 10 日，发改委下发《关于下达首批国家天然气分布式能源示范项目的通知》,公布了首批 4 个示范性项目,这标志着 2011 年出台的《意见》开始得到落实,我国在大力发展天然气分布式能源的征程上迈出了重要的一步。

2012 年 10 月 31 日,发改委公布《天然气利用政策》,将天然气分布式能源划为"优先类"用气项目,明确提出鼓励发展天然气分布式能源。2013 年 1 月 23 日,国务院发布《能源发展"十二五"规划》,再次提出要积极发展天然气分布式能源,根据常规天然气、煤层气、页岩气供应条件和用户能量需求,在能源负荷中心,加快建设天然气分布式能源系统。对开发规模较小或尚未连通管网的页岩气、煤层气等非常规天然气,优先采用分布式利用方式。统筹天然气和电力调峰需求,合理选择天然气分布式利用方式,实现天然气和电力优化互济利用。加强天然气分布式利用技术研发,提高技术装备自主化水平。

(二)发展现状

十几年来,我国已建成 40 多个天然气分布式能源项目,目前约半数在运行。其中,典型的区域分布式能源系统为广州大学城项目,楼宇分布式能源系统包括上海浦东国际机场能源中心、上海黄浦区中心医院等。但也有项目因电力并网、效益或技术等问题处于停顿状态,例如北京南站在 2008 年投入使用后,其冷热电三联供的并网手续直到 2012 年才批下来,但由于设备改造仍未完成,并没有实现真正的并网,只不过相当于"空调"的功能。

我国发展天然气分布式能源的最主要地区包括北京、上海、广州等。上海市于 2008 年 11 月 15 日发布了《上海市分布式供能系统和燃气空调发展专项扶持办法》,对分布式供能系统和燃气空调项目单位给予一定的设备投资补贴,并优先保障天然气供应。其中,分布式供能系统按 1 000 元/kW 补贴,燃气空调按 100 元/kW 制冷量补贴。目前,上海已建成浦东国际机场一期工程、闵行中心医院、华夏宾馆、奥特斯(中国)有限公司、711 研究所莘庄研发基地、航天能源飞奥基地、申能能源中心、老港垃圾场(沼气)、虹桥商务区公共事务中心等分布式能源项目。广东省也将合理布局建设工(产)业园区冷热电联供项目和分布式能源项目列入"十二五"规划纲要,2012 年 6 月发布的《广州市热电联产和分布式能源站发展规划》中显示，未来将在广州市建设16个区域式分布式能源站、33个商贸及楼宇分布式能源站，其中"十二五"期间拟建成10个左右分布式能源站。

在我国已建成的分布式能源系统中，2009年正式投产的广州大学城是我国目前最大的天然气分布式能源站。该能源站以天然气为一次能源，通过燃气－蒸汽联合循环机组发电，具有能源利用率高、建设安装周期短、运行方式及负荷调节灵活、系统安全性和可靠性高等特点。该能源站 NO_x 排放与同规模常规燃煤发电厂相比减少了80%，与燃气电厂的国家排放标准相比减少了36%；SO_2 粉尘的排放几乎为零；CO_2 排放与同规模常规燃煤发电厂相比减少了70%，减排量理论上每年可达18万吨。

在此次亚太经合组织分布式能源论坛上，哈尔滨工业大学教授、分布式能源系统联合研究室张兴梅博士也分析了冷热电联供系统与用能建筑的融合问题。上海黄浦区中心医院冷热电联供项目是首例公共建筑实施分布式供能系统的案例，但由于系统设计负荷与运行负荷相差较大，实际运行负荷低于设计值的40%，总能效率不高。这一案例为后来的楼宇式分布式能源系统发展积累了经验，此后修建的上海浦东国际机场冷热电联供项目中，燃气轮机在70%—80%的额定功率下运行，实现了显著的经济效益。

三、我国分布式能源面临的问题及发展前景

(一)面临的问题

1.成本问题

天然气分布式能源系统与大型集中式发电厂相比，规模小、单位造价较高，一次性建设投入成本较大。同时，燃气联合循环发电机组1立方米天然气发电4度(kW·h)，若天然气价格为3元/立方米，则燃料成本为0.75元/度，再加上设备运行维护成本和设备折旧成本，分布式能源站最低电价为1.15元/度。如果没有政府相关补贴和支持，天然气分布式能源站难以盈利和发展。

2. 并网上网难问题

天然气分布式发电站生产的富余电力并入电网存在着一系列障碍,例如并网的技术标准不统一,城市总电网难以接受,其安全性得不到保障;若实际项目与规划不相协调,则对总网产生较大的压力,影响其正常调度;此外,还有并网的价格问题,天然气分布式发电的上网电价比煤电价格高,市场竞争力较弱。这些障碍严重阻碍了分布式能源站发展的积极性。

3. 天然气供应保障问题

天然气分布式能源的发展将大大增加天然气需求,保障天然气资源的供应将成为重要任务。

4. 政策、法律、规范有待深化细化

当前我国分布式能源发展尚处于起步阶段,虽然已出台促进和鼓励发展的政策,但法律规范、技术标准、财税金融政策、价格等方面需要进行统一和细化。

5. 社会认知不足

政府部门、能源企业、建筑单位等相关方以及社会大众对于建设分布式能源的前景和重要性认识不足,不利于天然分布式能源的推广应用。

(二)发展前景及政策建议

在此次亚太经合组织分布式能源论坛上,专家对于未来中国天然气分布式能源的发展,从政策制定、实践需求等不同角度给予了阐述。

1. 我国天然气分布式能源发展需要在政府主导、各方积极配合下进行

中国城市燃气协会分布式能源专业委员会主任徐晓东提出,我国在发展天然气分布式能源过程中需要重点关注以下三方面:

(1)继续大力宣传教育,提高对发展天然气分布式能源的认识。天然气分布式能源是实现高碳能源向低碳能源转变的途径,是应对大规模可再生能源利用、保持电网稳定安全运行的可依靠力量,要大力宣传,推动我国能源利用模式的转变。

(2)政府要发挥更大作用。建议推广上海市发展天然气分布式能源的经验,强制与鼓励并行,积极推动机制改革,打破垄断,发挥市场机制的作

用。此外,要用好财政支持政策,支持天然气分布式能源健康发展,按照实际节能减排数量进行奖励。

(3)企业界要履行责任,积极参与天然气分布式能源的开发与建设。各利益相关方要大胆创新、积极开拓、加强合作,尤其要重视微电网建设,走能源服务的道路,同时积极利用可再生能源,加强与建筑业的共识。

2. 我国天然气分布式能源未来发展还要注意"1+2+3+4+5+6"原则

上海市发展改革研究院能源交通研究所刘惠萍副所长提出,分布式能源系统有燃料利用多元化、设备系统小型化、运行控制智能化、调度管理网络化、排放环保性好、梯度利用高能效、多系统整合优化、投资经营市场化八大特征,对当前节能减排目标有较强的适应性。

对于天然气分布式能源的进一步发展,刘惠萍提出要构建清洁能源产业服务平台,要关注"1+2+3+4+5+6"原则。其中,"1"指能源服务企业与能源服务模式的选择是关键;"2"要重视供应侧与需求侧两方面的互动;"3"指克服项目实施的三大难点,即专业众多、用户定制、集成优化;"4"表示要用 4E 要素——经济性(Economy)、可获得性(Energy)、使用方便性(Ease)、环境友好性(environment)来优选发展项目与技术路线;"5"代表项目实施需把握负荷特性、主机选型、环境要求、工程范围、使用维护五个关键要素;"6"是指协调分布式能源项目成功实施六个方面:可靠的供应、合理的价格、显著的能效、清洁的环境、稳定的合作、完善的机制。从实践的角度来看,该六项原则对于分布式能源项目的计划、设立、实施具有重要的指导意义。

天然气分布式能源将成为我国未来能源发展和利用的重要方式,对于改善能源结构、实现节能减排具有现实意义。针对种种发展困境,结合发达国家的发展经验,我国天然气分布式能源的发展环境和条件还需改善,这其中政府将扮演最为重要的角色:需要出台更细化的政策,具体落实鼓励和补贴政策;建立统一的技术规范及协调机制,解决并网上网过程中的技术、利益、价格等方面的问题;有计划地实行电价、气价机制改革,实行优惠和补贴。同时,政府部门、油气企业、电力企业、设备制造企业以及其他利益相关群体对天然气分布式能源产业的发展应统一认识、明确责任,共同促进分布式能源产业的规范和科学发展。

案例四　中美能源合作①

2013 年 4 月 13 日在北京钓鱼台大酒店召开了中美能源合作会议。会议由中国产业海外发展和规划协会、中美能源合作项目(ECP)共同主办,美国环保协会承办;会议规模庞大、议题丰富、讨论热烈,参会人员来自中美两国政界、行业协会、企业以及民间团体组织,由国家发展与改革委员会副主任、国家能源局局长吴新雄在会议结束时做最后发言,指出了中美能源合作方向为不断扩大能源领域的相互投资,共同推进传统化石能源清洁高效利用,加快清洁能源在全球的推广应用,携手应对全球能源安全挑战。整体而言,此次中美能源合作对话释放出一个信号,中美两国之间的能源合作日益制度化,并像一辆载满乘客的动车在急速向前。

国家与国家之间的合作因为附带有太多的国家利益,因此称之为某种形式的交易。借用经济学的交易成本理论来解构中美两国在能源领域的合作这个国际政治经济学的重大问题,可以得出的结论为:①中美双方有交易的动机且有能力进行合作。两个国家有应对金融危机和气候变化双重需要的共同利益,且名列世界第一和第二大经济体,经济发展、能源结构各具禀赋有互补性,因此有良好的合作基础。②中美双方通过对话磋商夯实了合作制度的基础。相互交流通过对各自政府合作决策环境的改善,增加了促进合作的动因,不断加深了合作。③中美双方已拥有国际制度化了的对话平台。国际制度能促进信息的传输,提高两国之间的透明度,降低了信息成本。

如果说 2009 年是中美能源合作的快速启动年,那么时隔 4 年,中美之

---

① 作者许勤华,发表于《能源报》2013 年 4 月。

间已经签署了多个政府/部门间合作协议，创建了三个双边机制（中美油气论坛、中美能源政策对话和中美可再生能源工业论坛）、三个多边机制（五国能源部长会议、全球核能合作伙伴计划 GNEP 部长级会议和国际先进生物燃料大会）、一个中心（中美能源研究中心）和一个企业合作平台（中美合作项目——ECP）。可以说，双方多层次、宽领域、全方位的能源合作格局基本确立，中美能源合作制度框架基本构建。

正是因为拥有了较为规范性的合作制度，大大降低了中美这两个战略对手之间对合作利益分配的敏感度，使得合作更易形成，这也是中美双方合作得到双方政府部门即中国国家能源局、商务部、美国能源部、商务部、贸易发展署 5 个部门通力协作、鼎力支持的主要原因。中美合作项目成立以来的发展，特别能够说明中美能源合作的成绩。

中美合作项目的发展集中体现出三大特点：①参与的成员企业日益增多。今天的中美合作项目不仅仅是美国大公司需求新增长点的平台，也是众多高成长中小型公司、创业型公司到中国市场谋求发展的最佳平台。②业务更加多元化。中美合作项目业务范围包含可再生能源、智能电网、清洁煤炭、节能建筑与设计、清洁交通核燃料、工业能效、核能、能源金融与投资、分布式能源（冷热电三联动）和页岩气等。③合作成效显著。中美合作项目在过去的 3.5 年的时间里发起或参与了多个项目，这些项目涉及广泛，既有清洁能源技术应用的商业示范项目，也有政策、标准和商业模式的研究项目，形式也多种多样。

中美是世界最大的能源生产国和消费国，在维护全球能源安全和清洁能源发展上有着共同的利益和责任，也面临着共同的挑战。当前美国正在实施能源战略计划和保障未来能源安全的蓝图，中国也正在组织实施第十二个五年计划、谋划长远的能源战略。展望未来，在调整能源结构、发展清洁能源、保障石油安全、提高能源使用效率、能源节约替代和核电安全发展等领域，中美都将有广泛的合作前景。

附录六　全球节能服务产业绩效比较^①

世界节能服务公司发展现状综述

一、节能服务公司的特点

1. 为企业提供高能效的技术,帮助企业建设技术需要的基础设施载体

2. 为企业展开节能项目提供资金

3. 从为企业节省的能源消费中获得利润

4. 在企业偿清贷款和利润之前,持续监控整个能效体系的工作

二、节能服务公司的业务流程

1. 规划阶段:客户制定节能项目的预期目标

2. 项目计划成型阶段:向客户提出初步建议,提出项目完工后的能源消耗度量准则和风险于责任评估标准

3. 谈判:对客户公司进行深入细致的能源调查,修整能源消耗度量准则,为客户公司提供最低能耗评估

4. 实施项目:开展具体项目建设,完工后提交项目报告,并且提供年度评估

注意:能耗节约=最低能耗评估-项目完成后能耗。

---

① 资料来源:亚太能源研究中心 2012 年 2 月年会,由本书作者搜集、整理、翻译。

三、节能服务公司的价值

1. 帮助政府在市场上实现能效管理措施

2. 鼓励企业参与能效管理,已降低营业成本

3. 引入专业的技术和设计提高能效

四、节能服务公司的发展障碍

能源节约公司最早起源于北美,但在大多数发展中国家这个产业的发展遇到许多障碍,主要有以下三类:

(1)大多数客户没有见过成功的先例。

(2)项目成本过高。

(3)对节能项目的融资流程理解有局限性。

具体表现为以下形式:

(1)客户所在国家政策和法规限制:①能源价格低廉;②对能源节约的责任没有规范;③能源数据的收集和整合;④认为节能项目的投资风险高于一般金融投资。

(2)节约能源服务公司的业务瓶颈:①节能项目的成本过高;②有限的风险管理能力,面临利润支付的拖欠;③融资能力有限。

五、能源节约公司应对发展障碍的策略

1. 对发展中国家的建议

(1)减少政府对能源价格的补贴,分时计价。

(2)加强对企业节能的定量评价。

(3)加强对企业节能意识,宣传节能项目的成功范例。

2. 对能源节能公司的建议

(1)降低节能项目的成本,发展新的节能技术,加强项目风险管控能力。

(2)调整资本预算,加长偿款周期。

节能服务公司泰国的经验

一、泰国节能服务公司的四种类型

1.提供节能技术和设备支持

2.提供节能系统的维护服务

3.提供节能的咨询

4.提供全套节能服务的大型节能集团

备注:泰国现有的 36 家节能公司,大小规模均有,数量对比平均。

二、节能服务公司在泰国的起源和发展

2007 年,节能服务产业进入泰国市场,约有 60 家公司运营,其中 36 家在泰国注册,这其中包括 26 家泰国本土公司和 10 家来自美国、英国、日本等的外国公司。客户公司投资的节能保障合同受到的推广更广泛。能源节约信息中心已经建立。

截至 2011 年,节能服务产业总投资超过 23 亿泰铢,约节省了 23.46 千吨油当量。

节能服务产业在泰国的发展主要依赖于各公司间的业务交流以及公司融资体系的发展。在泰国,节能服务公司的融资主要依赖于政府。政府通过对该产业的证券投资、设备租借以及帮助建立信用保障机制来支持节能产业发展。

节能服务产业在泰国的发展目标:扩大业务规模,积累资本解决外部融资难题。

节能服务公司中国台湾地区的经验

一、节能服务公司在中国台湾地区的发展

1. 1999—2002 年

节能产业的概念首次被引入台湾,节能公司的融资模型被研究。

2.2002—2003 年

节能服务公司的合同,能源测量标准的本地化。

3.2004—2007 年

政府提供补助,融资障碍的去除。

二、中国台湾地区发展节能服务产业的战略

1.建立辅助机构:在能源局下设立部门,促进节能服务产业发展

2.节能服务在公共领域的宣传

3.与国际能耗测量制度接轨,节能服务合同的专业化

4.建立节能服务产业的融资机制

5.培训专业节能人才

三、中国台湾地区节能服务公司的融资问题

1.投资回报期限一般较长

中小企业规模较小不愿投资,公共领域资金短缺,无法进行长期汇报投资。政府对开展节能项目的企业的补贴可以有效地缓解以上问题。

2.金融机构对节能项目的贷款审核比较严

3.节能项目的回报一般在项目合同履行之后开始

四、节能服务产业在人力资源上的困境

1.能源专业专家不足

2.节能系统维护工程师缺口大

3.从业人员普遍缺乏经验

4.从业系统缺少考核和执照系统

五、节能服务产业在业务展开上的困境

1.客户企业的节能需求较为狭隘:主要集中在照明、供暖和制冷三方面

2.节能需求局限于商业领域,工业领域和公共领域表现较弱

3. 缺少节能项目效能评估的第三方机构

六、台湾解决节能产业发展困局的措施

1. 法律支持

(1)节能服务合同的法律标准化。

(2)建立能效评估第三方机构。

(3)建立节能产业从业评估体制。

2. 融资支持

(1)在金融体系内建立节能融资机制:金融机构内成立节能技术与合同评估小组;增进金融从业人员对于节能产业的了解。

(2)建立国家节能基金来支持银行对节能项目的优惠贷款;要求大型金融机构率先设立节能贷款项目。

3. 技术管理支持

(1)在大型企业中建立能源消耗评估小组。

(2)在企业中加强节能知识的宣传。

(3)节能项目的实施要求企业提高各部门的合作协调能力。

4. 市场环境调整

在公共领域促进节能市场的形成:确定政府办公设施强制节能指标,加强对公共领域节能知识的宣传。

节能服务公司韩国的经验

一、韩国能源管理集团简介

1. 发展历史

1980 年成立集团,2003 年建立清洁能源及清洁能源研究中心,附属于整个集团,2005 年受联合国指定,成立温室气体减排办事处以及清洁发展机制办公室。

2.组织机构

4个指挥部,1个清洁能源及清洁能源研究中心,12个地区办公室。

3.集团业务

能效提高和能源节约,温室气体减排,清洁能源和清洁能源发展。

二、韩国能源集团的业务范围

1.节能业务

节能服务公司;节能业务教育。

2.技术支持

新型能源研究。

3.节能基础建设

建筑的节能设计;韩国节能计划宣传。

4.咨询业务

能耗系统评估;清洁发展机制设计。

三、融资系统对韩国节能服务公司发展的支持

1.对能效项目提供低利率长期融资贷款

2.1980年建立节能项目基金

3.对节能项目进行20%税收减免

四、韩国政府出台节能服务业启动计划

具体内容如下:

1.市场拓展

公共能耗领域的市场拓展。

2.增加投资

设立节能服务公司联合基金;增加节能计划拨款;增加私人基金的利用

3.特别项目

推广节能服务合同。

4.技术发展

引入跨国公司进行技术交换。

节能服务公司智利的经验

一、智利发展节能服务产业的主要阻碍

1.国民和企业节能意识没有广泛建立

2.节能服务产业系统内缺乏项目宣传与比较,行业信任缺乏

3.融资渠道狭窄

二、智利发展节能服务产业的政策

1.节能项目提前投资计划

2.节能咨询公司的注册,由智利能效机构发起,目前有 100 个公司注册

3.国家节能服务业联盟(ANESCO)

2009 年在智利清洁能源项目框架下建立,由泛美银行和智利生产发展集团融资。

三、PIEE:节能项目提前投资计划

1.这项计划在 2006 年由智利政府发起,目前正在评估和发展中

2.项目目前主要为节能项目提供融资便利,覆盖了节能咨询中 70% 的费用

3.PIEE 一共推荐了 1 252 个项目,平均每个公司 5.9 个

在这些项目中,占最大比例的是生产过程中的能源技术改进。

附录七 中国主要清洁能源企业概况

汉能控股集团

汉能控股集团有限公司（Hanergy Holding Group Limited，简称汉能控股集团）成立于 1994 年，集团总部设于北京，在国内 10 多个省份以及美国、英国、荷兰、香港等国家和地区设有子公司和分支机构。集团以水电等传统清洁能源为基础，以太阳能光伏产业为主导，在广东、四川等地投资建设产能约超过 3GW 的太阳能光伏研发生产基地，是当今国内规模较大、专业化程度较高的民营清洁能源发电企业。

集团在历经 15 年创业期和发展期后，奠定了"一基两翼"的产业发展战略构架。即：以传统清洁能源水力发电板块为基础，以太阳能研发与生产等高科技能源板块、太阳能光伏应用等为两翼的产业结构。

自进入清洁能源领域以来，集团从事了从浙江省瓯江、广东省东江到云南省金沙江等一系列江河上的水电站投资建设及在江苏省、宁夏回族自治区等风电能源的开发利用，形成了一大批已经投产发电和正在建设的电力项目。其中云南省金安桥水电站一期总装机容量 2 400MW，该项目被全国工商联、中国光彩事业促进会誉为民营企业进入电力垄断行业的标志性工程，集团也由此成功跻身于建设百万千瓦级大型水电站企业行列。

英　利

英利品牌创建于 1987 年,总部位于河北省保定市,英利是世界第四家具备完整产业链的太阳能电池生产商,拥有中国国内唯一的太阳能电池研发中心和国内首家国家级光伏技术重点实验室,并已于 2007 年 6 月在纽约证券交易所主板上市。公司业务涉及电池组件的设计、制造和销售,以及并网、离网光伏应用系统的设计、销售和安装。

英利的产品和服务涵盖了从多晶硅铸锭、硅片、光伏电池片、光伏电池组件的生产到系统安装的整个光伏行业产业链。为德国、西班牙、意大利、韩国、比利时、法国、中国和美国等世界多个市场的光伏系统集成安装商和经销商提供光伏组件产品。

英利集团是以清洁能源投资与经营管理为主业的国际化企业集团。目前集团旗下实际控制的有英利绿色能源、英利清洁能源、英利能源(中国)、六九硅业、源盛融通公司等近 36 家子分公司,是集能源、化工、科技、工业、贸易、金融、地产等多元化产业,员工近万名,在欧洲、亚洲、美国等多个国家拥有本土化的生产、贸易、工程公司。

天 合 光 能

总部位于中国江苏省常州市新北区的天合光能创建于 1997 年,现已成为全球领先的光伏公司之一。立足强大的垂直一体化业务模式基础之上,天合光能能够独立生产单晶硅和多晶硅技术所需的硅锭和组件,提供高性能组件。

公司在纽约证券交易所上市,运营足迹遍及全球,为客户提供了最优价值。到 2010 年底,公司的太阳能组件容量已达 1.2GW,全球年销量达 1.06 GW,从而有效加强了公司的行业领先地位。

昱 辉 阳 光 集 团

ReneSola 成立于 2005 年 6 月,是世界级的光伏制造销售企业之一,拥有浙江昱辉阳光能源有限公司、四川瑞能硅材料有限公司、四川瑞昱光伏材料有限公司、浙江瑞能光伏材料有限公司和多家海外销售公司。经营业务包括原生多晶硅、单晶硅棒、多晶硅锭、硅片制造与销售、电池片、组件的制造与销售、光伏系统解决方案等。昱辉阳光能源有限公司是 ReneSola Ltd 全资子公司,主要生产单晶硅片、多晶硅片;2006 年 ReneSola 在英国伦敦证券交易所挂牌上市;2008 年 1 月,ReneSola 成功登陆美国纽约证券交易所,并于当年 6 月成功实现增发,融资 1.85 亿美元。通过不断的发展,ReneSola 成功打造了一条从原生多晶硅到光伏应用系统的完整光伏产业链,是全球光伏行业仅有的几家一体化经营的大集团之一。

昱辉阳光集团主营产品包括硅片及太阳能组件,集团致力于产品研发和质量控制,自行设计铸造用炉和切片工艺,持续开发高效率产品,在保持技术领先的同时,优化成本结构。集团成立的思博恩研究院和生产部门通力合作,在研发新产品的同时,持续改进生产工艺及生产设备。

阿 特 斯

苏州阿特斯阳光电力科技位于江苏省苏州市,于 2006 年 6 月由加拿大太阳能公司(Canadian Solar Inc,简称"CSI")全资设立。

加拿大太阳能公司,注册于加拿大多伦多,在纳斯达克上市,中国总部在江苏省苏州市高新区,是一家集太阳能光伏组件制造和为全球客户提供太阳能应用产品研发、设计、制造、销售的专业公司。公司由清华大学毕业生、加拿大籍华人瞿晓铧博士于 2001 年 11 月创建,并于当月投入运营。加拿大太阳能公司为全球客户生产在住宅、商用、工业等领域有着广泛应用的太阳能光伏产品及太阳能发电应用产品,还以公司的专业品牌为汽车行业、通讯行业等特殊市场提供太阳能光伏产品的解决方案,同时也为世界领先的太阳能光伏厂商进行 OEM 加工。

公司的主要业务和经营范围是:设计、制造太阳能电池组件、太阳能电池片、太阳能发电应用产品、太阳能户用发电系统、太阳能电站及其相关产品,太阳能级硅材料的收集、处理、加工等,销售自产产品并提供相关技术支持和售后服务。

目前加拿大太阳能公司已形成四大系列产品,此外,加拿大太阳能公司除了给包括太阳能光伏行业世界前十强的部分厂家进行 OEM 加工外,也以自己的品牌专业生产 5—300 瓦各种系列的太阳能电池组件,还专业为特殊市场(例如航海业、机车和汽车业、通讯业等)提供太阳能光伏产品的解决方案。

广东明阳风电

广东明阳风电产业集团有限公司位于广东省中山市火炬高新技术产业开发区,由明阳电气集团控股,意大利索法芙、美国凯来等公司参股,是以风力发电机组为核心主营业务的高新技术企业。

公司坚持国际化合作与自主创新相结合,已成功组建了一大批专业齐全、年富力强的教授、博士、高级工程师的专家队伍。公司已于 2010 年 10 月 1 日在美国成功上市,成为中国第一家在美国上市的风电整机制造企业。

集团下设 4 家子公司,注册资金 1.3 亿元,总资产超过 15 亿。现有人数 3 000 人,其中博士人才占 2%,硕士人才占 4%,本科人才占 25%,大专人才占 20%,中专技校以上人才占 49%。集团设有专门的科研实验室,并拥有 1 个博士后流动工作站,3 个省级技术研发中心,1 个市级技术中心。

经过 17 年的发展,集团共自主研发了 100 多种新产品,其中 23 项被列为国家级、省级重点科技攻关项目,5 项填补了国内空白,4 项取得了自主知识产权的技术发明专利。同时通过与瑞士 ABB、德国西门子、清华大学、西安交通大学、西安理工大学等多所国内外知名企业、高校合作,多次成功完成了国家及省级重点科研项目。

保利协鑫

保利协鑫能源控股有限公司(简称"保利协鑫")是总部设在香港的,以环保和再生能源为投资对象的专业化投资控股企业集团。经过 10 年的创业和发展,通过参与国际、国内能源基础设施建设与运营管理,保利协鑫已形成一套完整与高效的经营管理模式,并拥有一支经验丰富、精通业务的复合型经营管理团队。

保利协鑫是多晶硅及硅片供应商,为光伏发电提供原材料。保利协鑫也是中国位于前列的环保能源供应商,通过热电联产、生物质发电、垃圾发电、风力发电及太阳能发电,提供高效环保的电力与热力。

保利协鑫致力于开发和运行环保能源以及清洁能源发电厂工程及提供相关的技术服务,提供包括能源市场分析和项目评估、项目开发、项目融资、电力工程设计、技术研发、物流配套、电厂建设、电力设备制造及电厂运营的一站式服务。

多年来,保利协鑫集团在中国各级地方政府的配合下积极参与各地工业区的开发。和摩根士丹利、保利(香港)投资有限公司、中国神华集团、国华电力公司、华润电力控股有限公司等众多国际化企业紧密合作,积极拓展环保能源及再生能源事业领域。

凯迪电力

武汉凯迪电力股份有限公司是 1993 年 2 月以定向募集方式在武汉市东湖高新技术开发区设立的股份有限公司。1999 年 9 月 23 日,该公司在深圳证券交易所正式挂牌上市。该公司是原国电公司推荐上市的第一家电力环保企业。

公司主要从事环保产业、清洁能源及电力工程等领域的新技术、新产品的开发和应用。主要业务是燃煤电厂脱硫工程、洁净煤燃烧发电厂技术及工程、城市污水处理工程、城镇生活垃圾处理工程,以及火力发电厂凝结水精处理工程的设计、成套、安装、调试、培训等工程总承包业务和以环保业为核心的资本运营其中。

龙源电力

龙源电力是中国国电集团公司的全资企业,成立于 1993 年 1 月,是经国务院经贸办批准,在国家工商行政管理局登记注册成立,是北京新技术产业实验区认定并注册登记的高新技术企业。1999 年 6 月，根据原国家电力公司决定，龙源集团与中国福霖风能开发公司（简称"福霖公司"）、中能电力科技开发公司（简称"中能公司"）进行合并重组，将福霖公司和中能公司的资产并入龙源集团。

公司拥有常规电站投资和经营管理方面的专家，有风电投资、规划、建设、运行、维护和管理方面的高级人才，有从事电力高新技术、产品研发和推广应用的专业人才。

主要开展火电项目的投融资、基本建设、经营管理、咨询及相关业务；承担风电场勘察、选址、投资、建设及运行管理，开展风电技术咨询、技术服务、技术开发、技术合作及风电专业人员培训，进行风电技术国际合作与交流；开发电力环保、节能、电力系统安全及稳定运行、清洁能源技术和设备，形成具有一定规模的高科技产业；电力工程总承包和咨询服务，产品进出口经营；国内、外电力相关产品和设备的技术转让、技术贸易、技术咨询等。

参考文献

一、著作、论文及其他

（一）中　文　类

中国节能环保集团公团、中国工业节能与清洁生产协会：《中国节能减排产业发展报告——探索低碳经济之路》（第 1 版），中国水利水电出版社 2010 年版。

熊良琼、吴刚：《世界典型国家清洁能源政策比较分析及对我国的启示》，载《中国能源》2009 年第 6 期。

陈海嵩：《日本清洁能源开发政策及立法探析》，载《淮海工学院学报（社会科学版）》2009 年第 12 期。

姜雅：《日本清洁能源的开发利用现状及对我国的启示》，载《国土资源情报》2007 年第 7 期。

任之于：《"基本计划修正案"凸显日本能源安全意识》，载《中国石化》2010 年第 6 期。

周扬：《日本的清洁能源战略》，载《北京农业》2007 年第 9 期。

何季民：《日本的新阳光计划简介》，载《华北电力技术》2002 年第 1 期。

刘小丽：《日本新国家能源战略及对我国的启示》，载《中国能源》2006 年第 11 期。

高鸿斋：《日本清洁能源发展的成功经验及启示》，载《河北金融》2010 年第 3 期。

郑言：《国外节能减排、发展低碳经济高招频出》，载《石油和化工节能》2010 年第 1 期。

罗国强、叶泉、郑宇：《法国清洁能源法律与政策及其对中国的启示》，载《天府新论》2011 年第 2 期。

王谋、潘家华、陈迎：《〈美国清洁能源与安全法案〉的影响及意义》，载《气候变化研究进展》2010 年第 4 期。

徐岩：《美国：清洁能源成为经济复苏引擎》，载《中国石油和化工》2010 年第 8 期。

张正敏、李宝山、祁和生：《清洁能源促进政策的应用分析指南》。

赛迪顾问有限公司：《2011 年中国清洁能源产业发展研究年度报告》。

中国人民大学国际能源战略研究中心：《中国能源国际合作报告 2011/2012》，时事出版社 2012 年版。

蒋健蓉、罗云峰：《"五星模式"下如何在全球进行石油资源的战略布局》，申银万国研究所

2012 年 7 月。

管清友:《世界秩序的重建与中国的能源战略》,中国人民大学世界能源关系发展研讨会,2010。

ICF 国际:《直至 2030 年的天然气管道和存储基础设施规划》。

IMF:《世界经济展望》,2012 年 7 月。

美国白宫:《安全能源未来蓝图:一年进展报告》,2012 年。

(美)丹尼尔·耶金:《石油的世界新秩序》,载《华盛顿日报》。

林伯强:《中国能源政策》,中国财政经济出版社 2009 年版。

清洁能源行动办公室:《城市清洁能源行动规划指南》,中国环境科学出版社 2005 年版。

胡鞍钢、吕永龙:《能源与发展:全球化条件下的能源与环境政策》,中国计划出版社 2001 年版。

清华大学环境资源与能源法研究中心课题组编著:《中国能源法(草案)专家建议稿与说明》,2008 年。

(二)英文类

Robert U. Ayres、Edward (Ed) H. Ayres: *Crossing the Energy Divide: Moving from Fossil Fuel Dependence to a Clean-Energy Future*, Wharton School Publishing, 2009(11).

Peter J. Cook: *Clean Energy, Climate and Carbon*, CRC Press, 2012(3).

Michael B. Gerrard: *The Law of Clean Energy: Efficiency and Renewables*, American Bar Association, 2012(4).

Frances Beinecke, Bob Deans: *Clean Energy Common Sense: An American Call to Action on Global Climate Change*, Rowman & Littlefield Publisher, 2009(11).

Marilyn Nemzer, Deborah Page, Anna Carter, Will Suckow: *Energy for Keeps: Creating Clean Electricity from Renewable Resources*, Energy Education Group (Expanded 3rd edition), 2010(6).

Colleen Hord: *Clean and Green Energy (Green Earth Science)*, Rourke Publishing, 2011.

Ben Cipiti: *The Energy Construct: Achieving a Clean, Domestic and Economical Energy Future*, BookSurge Publishing, 2007(8).

Green Investing: Towards a Clean Energy Infrastructure, World Economic Forum, 2009.

Clean Energy and Development: Towards an Investment Framework, Development Committee, World Bank, 2006-04-05.

Matthew H. Brown and Beth Conover: *Recent Innovations in Financing For Clean Energy*, Southwest Energy Efficiency Project, 2009(10).

Taylor Wessing: *Private Capital and Clean Energy: Exploring a growing relationship*, 2012.

二、中外网址

EIA 官网

HPI 官网

IFP 官网

OPEC 官网

阿里巴巴商业资讯

保索非亚新闻社

财政部官网

俄罗斯报摘网

凤凰网

国际先驱导报网

国际商报

国际燃气网

国际能源网

国家发展改革委员会官网

国家税务总局机关服务中心官网

环境保护部官网

黄金网

和讯网

行业咨询网

金融界

金投网

江苏节能网

经济参考报

经合组织官网

机电商情网

路透社

清洁能源网

人民网

搜狐新闻

商务部网站

首聚能源博览网

世界新闻报

世界风力发电网

世界银行官网

腾讯财经

新华网

新浪财经网

云南省商务厅网

银联资讯

证券时报

中国广播网

中国管道商务网

中国能源信息网

中国化工报

中国经济网

中国能源报

中国能源网

中国石化新闻网

中国石油和化工网

中国石油化工报

中国石油新闻中心

中国新闻网

中国风电协会

中国环保招商网

中国气候变化信息网

中国人民网

中国日照网

中国石化新闻网

中国网

中新网

中央政府门户网

后　记

　　自 1993 年中国成为成品油净进口国,继而于 1996 年成为原油净进口国,20 世纪 90 年代初,为了贯彻中央提出的"充分利用国内外两种资源、两个市场"的方针,中国开始实施"走出去"战略,积极开展能源国际合作。如果把 1993 年设为中国能源国际合作的元年,那么 2012 年正好是第二十年,2013 年又恰逢为中共十八大召开后的第一年。因此,2013 年将是中国能源国际合作继往开来的一年。

　　为了更好地促进中国能源国际合作,我们需要汲取来自世界各地的宝贵经验。同时,为了培养更多合格的能源资源国际化人才,我们需要引进更多相关领域的优秀学术著作。虽然 20 年来中国能源国际合作取得了巨大成绩,但与发达国家以及它们的老牌跨国能源公司相比较而言,我们毕竟是新入行的。摸清国际能源问题的演进脉络,学习先进能源理念产生的路径,结合中国自身的现实实践,构建起扎实和完整的能源研究理论体系,是我们这套《能源与环境经典与前沿丛书》的目的。

　　丛书编委会成员均为来自世界主要能源经济体/国家的青年优秀学者,在他(她)们的推荐下,丛书尝试不定期推出相关领域的译著或专著。2013 年推出《低碳时代发展清洁能源国际比较研究》一书,以期抛砖引玉;同时,也为中国人民大学国际能源战略研究中心成立 10 周年献上一份薄礼。

《能源与环境经典与前沿丛书》

国际能源与环境问题系列

许勤华/总主编

2012 年 12 月